农业面源污染的环境损害经济评估研究

The Research on Economic Assessment of Environmental Damage Caused by Agricultural Nonpoint Source Pollution

刘朝阳　著

中国社会科学出版社

图书在版编目（CIP）数据

农业面源污染的环境损害经济评估研究/刘朝阳著．—北京：中国社会科学出版社，2020.8

ISBN 978-7-5203-6537-6

Ⅰ．①农…　Ⅱ．①刘…　Ⅲ．①农业污染源—面源污染—环境经济—经济评价—研究—中国　Ⅳ．①X196

中国版本图书馆CIP数据核字(2020)第087142号

出 版 人　赵剑英
责任编辑　刘晓红
责任校对　夏慧萍
责任印制　戴　宽

出　　版　中国社会科学出版社
社　　址　北京鼓楼西大街甲158号
邮　　编　100720
网　　址　http://www.csspw.cn
发 行 部　010-84083685
门 市 部　010-84029450
经　　销　新华书店及其他书店

印刷装订　北京君升印刷有限公司
版　　次　2020年8月第1版
印　　次　2020年8月第1次印刷

开　　本　710×1000　1/16
印　　张　17.75
字　　数　239千字
定　　价　106.00元

出版说明

为进一步加大对哲学社会科学领域青年人才扶持力度，促进优秀青年学者更快更好成长，国家社科基金设立博士论文出版项目，重点资助学术基础扎实、具有创新意识和发展潜力的青年学者。2019 年经组织申报、专家评审、社会公示，评选出首批博士论文项目。按照“统一标识、统一封面、统一版式、统一标准”的总体要求，现予出版，以飨读者。

全国哲学社会科学工作办公室

2020 年 7 月

摘　　要

目前，我国农业面源污染问题形势严峻，存在一定的环境、经济和健康风险和危害。根据《第一次全国污染源普查公报》显示，从污染源的数量上来看，我国农业面源污染源数量已达2899638个，占全国污染源总数的48.93%。从污染的程度上来看，农业面源污染的年均总氮流失量平均高达270.46万吨，年均总磷流失量高达28.47万吨，年均化学需氧量（COD）为1324.09万吨。从污染的危害程度上来看，生态环境方面，农业面源污染关键污染因子为农药化肥中持久性有机物、非持久性有机物和重金属，会对土壤带来不可逆转的污染，会使水体的生态系统服务功能下降，会使大气的温室效应和雾霾加重；经济损失方面，农业面源污染还没有一个系统性的估算和统计数据，但其每年对种植业、畜牧业、养殖业和水产业均造成巨大的经济损失；环境健康方面，农业面源污染产生的上述关键污染因子会通过土壤、水体、大气和食物等途径对人体健康产生风险和危害，进而造成经济损失。因此，开展农业面源污染的环境损害经济评估势在必行。

本书通过查阅大量文献，在借鉴国内外环境损害评估研究经典模型的基础上，以农业面源污染的环境损害经济评估为主题，以生态健康理论、市场失灵理论、环境资源产权理论和环境价值理论为基础，分析我国农业面源污染面临的现状和可能存在的危害，构建出一套相对科学的农业面源污染环境损害经济评估方法，筛选出一套相对合理的经济评估指标体系，并通过相关专家的调研运用模糊综合评价法验证评估体系的科学性和有效性等特性，最后结合江汉平原洪湖流域的农业面源污染特征开展实证研究，充分应用构建的评估方法和指标体系对该地区农业面源污染环境损害情况开展经济评估，核算环境自身、直接经济和环境健康损失，最后基于“压力—状态—响应”的逻辑分析框架提出农业面源污染治理对策建议，以期能为我国农业面源污染环境损害经济评估的顺利进行和治理政策的制定提供理论和经验参考。本书主要由四部分内容组成：

第一部分为导论，主要介绍本书的选题背景，并阐明本书的理论意义和现实意义；就理论层面来说，本书研究的农业面源污染问题从环境损害的经济评估角度入手，对进一步丰富农业面源污染经济影响因素理论和农业面源污染防控理论等与面源污染相关理论有很大的帮助。就现实意义方面，农业面源污染是环境污染中较为特殊的一类，我国自古便是农业大国，但并非农业强国，全面开展因农业面源污染带来的环境损害经济评估，并对相应污染进行治理，不仅是当前生态文明建设的需要，也会对我国经济全面协调可持续发展产生深远影响。同时，对国内外与本书相关的研究动态进行综述，并对相关研究开展研究述评；进而提出研究的技术路线和研究方法；最后介绍本书的框架和可能的创新点。

第二部分为基础部分，主要包括第二章和第三章。第二章是对与本书相关的理论基础和实践研究的分析总结，分析了我国环境损害经济评估的概况和类型，以及对农业面源污染环境损害经济进行评估的必要性。研究显示，农业面源污染的环境损害经济评估内容包括运用经济学的方法评估污染带来的环境自身、经济及环境健康损害的各种损失、危害或后果。我国农业面源污染目前总体形势严峻且造成的环境、经济和健康危害较大。污染源的数量巨大，污染物危害程度严重，因此，开展农业面源污染的环境损害经济评估势在必行。第三章对我国农业面源污染现状特征和引发的途径、原因进行了深入分析，并进一步剖析农业面源污染对生态环境、经济和健康三个方面带来的危害。生态环境方面，农业面源污染关键污染因子为农药化肥中持久性有机物、非持久性有机物和重金属会对土壤带来不可逆转的污染，会使水体的生态系统服务功能下降，会使大气的温室效应和雾霾加重；经济损失方面，农业面源污染还没有一个系统性的估算和统计数据，但其每年对种植业、畜牧业、养殖业和水产业均造成巨大的经济损失；环境健康方面，农业面源污染产生的上述关键污染因子会通过土壤、水体、大气和食物等途径对人体健康产生风险和危害，进而造成经济损失。总体来看，该部分内容既是本书研究的逻辑起点，又是其研究的理论起点。

第三部分为核心部分，包括第四章至第七章的内容。其中，第四章按照农业面源污染引起的环境自身损害大小、物理程度的确认和环境自身损害的物理量货币化三个步骤，构建农业面源污染环境自身损害的恢复方案式评估方法和传统经济评估方法，并对两类方法中的具体评估方法进行比较和归纳；按照农业面源污染负荷评估和污染直接经济损失评估两个步骤，结合农田土壤侵蚀经济损失评估、畜禽养殖经济损失评估、水产养殖经济损失评估和农村生活污染经济损失评估四个方面，以 Johnes 输出系数法和环境价值评估法为基础，构建农业面源污染直接经济损失评估方法；按照环境健康风险评估和污染健康损害经济评估两个步骤，结合风险危害的识别、剂量—反应评估、暴露评价和风险表征等评估步骤，以环境健康风险评估模型和人力资本法为基础构建农业面源污染环境健康损害的经济评估方法。该方法的建立为处理环境污染引发的纠纷或相关矛盾提供技术支持，为我国环境保护部门提供决策依据与政策支持。第五章为农业面源污染的环境损害经济评估指标体系的构建，根据指标体系构建的科学性、逻辑性和系统性等六大原则和借鉴国内外研究成果、考虑经济影响因素和评估核心目标三点依据，在指标体系构建的基础性、指南性、依据性和推广性四个目标统领下，结合农业面源污染的环境损害经济评估方法和相关计算模型，按照“指标框架—指标类别—指标集—指标项”的逻辑思路，分别对农业面源污染环境自身损害的经济评估指标、农业面源污染直接经济损失评估指标和农业面源污染环境健康损害的经济评估指标进行了筛选和归纳。第六章采用模糊综合评价法（F-AHP）从评估体系应具有的六个方面的特性进行了整体评价，并对农业面源污染环境损害经济评估三个方面：环境自身损害经济评估、污染直接经济损失评估和污染健康损害经济评估的影响因素进行了分析。

第七章以江汉平原洪湖为例开展了农业面源污染环境损害经济评估的实证研究。运用前文构建的方法和指标体系开展研究，2015年洪湖农业面源污染的环境自身损害经济损失、污染直接经济损失和污染健康损害经济损失三个方面进行了评估。结果显示，2015年洪湖流域农业面源污染环境自身损害的经济损失为75000万元，面源污染的直接经济损失为19163.65万元。因农业面源污染环境损害的致癌风险和非致癌风险均在可接受水平，因此其对洪湖流域未造成明显健康损害经济损失。

第四部分为总结部分，主要包括第八章和第九章两部分内容。一方面，根据洪湖流域农业面源污染相关实证结果深入分析，并应用经典的“压力—状态—响应”模型对农业面源污染治理提出对策建议，主要包括六点“响应”即治理对策：一是建立和完善农业面源污染防治法规体系；二是宣传和提高农业面源污染环保意识；三是探索科学的农业面源污染分类控制模式（土壤侵蚀、畜禽养殖污染、水产养殖污染和农村生活污染途径）；四是建立农业面源污染的环境损害经济评估长效机制；五是建立和健全农业面源污染监测评价与预警体系；六是建立农业面源污染控制补偿保障机制。另一方面，对全书进行全方位的总结，既回顾本书整体研究过程，又总结分析研究结论并提出研究展望。

本书在充分吸收和借鉴国内外关于农业面源污染和环境损害经济评估方面的理论与实践应用的基础上，对农业面源污染的环境损害经济评估方法、指标及其相关问题进行了有益探索，可能的创新点包括：

第一，研究视角方面。本书在充分梳理国内外文献的基础上发现，当前国内外对于农业面源污染的形成、量化模型建立、污染防治措施等各方面均开展了较为丰富的研究，但综合量化其带来的生态环境、社会经济和人群健康损失方面涉及较少。另外，环境损害评估本身是一个环境、经济、法律、医学等学科交叉的新兴研究领域，研究热点集中在点源污染的损害评估上，而面源污染更是未曾涉及。因此，对农业面源污染开展环境损害经济评估，其在研究视角上具有一定的挑战性、原创性和创新性。

第二，研究理论方面。在国内外的研究中，涉及农业面源污染研究的理论更多的是在市场失灵理论、环境资源产权理论和环境价值理论三个方面，而本书以生态系统健康理论为基础，从环境、经济和健康三个角度阐明和评估农业面源污染造成的经济损失，并依此而提出相应的治理对策，这一全新的角度是对生态系统健康理论的有益补充和拓展。

第三，研究内容方面。首先，从研究内容的逻辑性上看，从农业面源污染的严峻现状和造成的环境、经济和健康三大危害角度，引出环境损害经济评估的必要性，然后依次构建环境自身损害、直接经济损失和环境健康损害经济评估的方法和指标，并在对评估体系开展模糊综合评价，验证其科学性和有效性等特性。其次，从研究内容的实践性和应用性上看，针对江汉平原洪湖的农业面源污染开展实证研究。最后，基于生态系统健康理论中经典的“压力—状态—响应”模型对农业面源污染提出对应的治理对策。因此，本书无论是从农业面源污染还是环境损害评估，均是对以往研究内容广度和深度的一种拓展。

第四，研究方法方面。一是经济学方法与环境科学方法等多学科融合。本书中开展的农业面源污染环境损害经济评估，其中涉及许多传统的经济学模型和方法，例如，环境价值评估法中的市场价格法、人力资本法等，但是许多具体的经济评估方法指标，例如，地表水中重金属的浓度，流域总氮、总磷和化学需氧量等水质指标，均运用了环境科学的方法进行实地布点和采样，并运用了实验室分光光度法、原子荧光法等实验方法进行测定，其数据的可靠性和准确性较之以往的研究具有明显优势。二是地理信息系统 GIS 方法与环境损害评估方法相结合的创新。本书在构建全新的农业面源污染环境损害经济评估方法和指标的基础上，创新性地将 GIS 研究法引入环境健康损害经济评估，得到重金属含量和区域健康风险的空间分布图，有利于更加直观地对相关数据的空间分布特征和变异情况进行具体分析，更加科学合理地将该数据作为环境健康损害经济评估健康风险评估阶段的重要依据。

从现实角度出发，农业面源污染的环境损害经济评估仍然是一种探索性的研究，虽然本书在国内外相关研究和实践案例的收集和整理方面投入了较大的时间和精力，并对经济评估方法的建立和指标体系的筛选构建进行了全面的论证，但仍然无法克服研究基础薄弱、研究条件和数据获得方面的限制。因此，还存在许多不足与局限性，尚有需要进一步深入研究的地方。

一是在农业面源污染环境自身损害的经济评估方面，环境价值评估法中的四种经济评估方法，只是一种将环境资源恢复的货币化手段，只能反映环境资源的一种或一方面的价值损失，并不能完美地反映环境资源的各种价值损失，例如，市场价格法就只能反映该环境资源的直接使用价值损失。另外，环境资源的许多功能和价值是不能直接通过或间接通过市场价格来体现的，例如，虽然可以通过 Johnes 输出系数法算出洪湖流域化学需氧量的负荷，一定程度上能反映该流域农业面源污染物中有机氯类化合物造成的环境污染现状和影响，但是市场上却没有一个统一的修复价格，故无法用经济价值的损失来衡量农业面源污染中含氯类有机物造成的环境自身的损害。而农业面源污染中的恢复方案式评估方法是以恢复环境资源为目标，它将环境资源恢复至基线状态和恢复其所有的功能和价值纳入评估范围，能充分反映环境价值的全面性。但是，这种恢复方案式评估方法就需要大量的历史文献资料和长期性的实地检测工作来完成方法中的评估指标数据，在快速和简易性方面不如环境价值评估法。因此，在今后的研究中，针对农业面源污染环境自身损害的经济评估应将替代等值分析法中的资源等值分析法和环境价值评估法中的市场价格法相结合，使环境自身损害的经济评估更全面地开展。

二是在农业面源污染直接经济损失评估方面，其污染关键污染因子中有机氯类化合物反映的化学需氧量含量其造成的直接经济损失用 Logistic 模型进行核算，是本书在洪湖流域实证中结合已有研究对化学需氧量造成的直接经济损失的一次初步探索。另外，由于研究区域洪湖现在正大力发展生态旅游业，农业面源污染应其广泛性的存在也会对旅游业的经济带来直接影响，故本书的农业面源污染造成的直接经济损失只体现了洪湖流域农业面源污染的最低估值，并不全面和完善，需要在今后的研究和评估中继续开展。

三是在农业面源污染健康损害经济评估方面，针对洪湖流域实证应用的经验，还需要从以下四个方面完善，以减少健康风险的不确定性：（1）丰富环境健康风险评估类型，从研究单一的地表水污染逐渐丰富到土壤、沉积物等介质；（2）扩大环境健康风险评估区域，不仅以洪湖湖面为研究区域，更要扩大到整个流域的代表径流；（3）丰富环境健康风险关键污染因子，对农业面源污染持久性有机物即含氯类有机物环境健康的非致癌风险和致癌风险加以评估；（4）提高环境健康风险评估模型参数的合理性，根据研究区域居民体征及生活习惯上的实际状况设置更科学和客观的参数，从而进一步提高评估的准确性。

关键词：农业面源污染；环境损害；经济评估；环境健康风险

Abstract

Currently, the problem of agriculture non - point pollution is serious in China, and brings deep dangers in environment, economic and human health.

Judging from the number of pollution sources, China's agriculture non - point pollution sources have already reached 2, 899, 638, which account for 48. 93% of the total number of pollution sources in the country. When it comes to the contamination degree, the average annual total nitrogen loss from agriculture non - point source pollution is about 2, 704, 600 tons, the average annual loss of total phosphorus is up to 284, 700 tons, and the annual chemical oxygen demand (COD) is 13, 240, 900 tons.

As for the extent of the pollution hazards, there are three aspects. From the aspect of ecological environment, the main pollutants of agriculture non - point source pollution are persistent organic pesticides and fertilizers, non - persistent organic compounds and heavy metals, which will bring irreversible contamination of soil, water ecosystem services declination and more severe greenhouse effect and haze pollution. From the aspect of economic losses, agriculture non - point source pollution does not have the systematic estimates and statistics data but do have a huge economic loss in farming, animal husbandry, aquaculture and fisheries. From the aspect of environmental health, the key pollution factors of agricultural non - point source pollution can generate risks and hazards to human health through the soil, water, air and food. Therefore, it is imperative to develop economic assessment of the environmental damage caused by agriculture non - point source pollution.

According to a large number of literature review of environmental damage assessment at home and abroad, this book takes the economic assessment of agriculture non - point source pollution as the theme based on the theories of Ecosystem Health Theory, Market Failure Theory, Environment Resources and Ownership Theory and Environmental Value Theory. Then, this study analyzes the grim status and three major hazards of agricultural non - point source pollution, and builds a set of relatively scientific economic assessment method and index system of agricultural non - point source pollution environmental damage. Furthermore, through the investigation of relevant experts, some characteristics of this evaluation system, such as the correctness and effectiveness are verified by fuzzy comprehensive evaluation method. Finally, an empirical research is carried out based on the agricultural non - point source pollution characteristics around Honghu Basin. The established evaluation methods and index system are fully applied to carry out economic assessment of agricultural non - point source pollution environmental damage in this region, besides, environment loss, directly economic loss and environmental health loss have been calculated. Agricultural non - point source pollution control strategy has been proposed according to "pressure - state - response" logical analysis framework as well. It is expected to provide theoretical and empirical reference for the economic assessment of environmental damage caused by agricultural non - point source pollution in China and the formulation of control policies.

This book mainly consists of four parts.

The first part, introduction, mainly introduces the background, theory and practical significance. On the theoretical level, the agricultural non - point source pollution problem studied in this book starts from the perspective of economic assessment of environmental damage, and it is of great help to further enrich the theory of economic factors affecting agricultural non - point source pollution and the theory of agricultural non - point source pollution prevention and control. On the practical level, agricultural non - point source pollution is a special type of environmental pollution. China has been a large agricultural country since ancient times, but it is not a strong agricultural country. In this context, comprehensively carry out economic assessment of environmental damage caused by agricultural non - point source pollution and control corresponding pollution, is not only the current need for the construction of an ecological civilization, but will also have a profound impact on China's comprehensive and sustainable economic development. In addition, this part indicates the domestic and international research trends relevant to this study and carry out related literature review, research technical line and methods. Finally, the book frame and possible innovation have been proposed.

The second part is the basis of this article, including chapter 2 and chapter 3. The first chapter is about the analysis and summary of the theories and practical research relevant to this study and analyzes the profiles and types as well as the necessity of economic assessment of agricultural non - point source pollution environmental damage. The research shows that the economic assessment of environmental damage of agricultural non - point source pollution includes using economic method to evaluating various losses, harms or consequences of environmental, economic and environmental health damage caused by pollution. At present, the situation of agricultural non - point source pollution in China is severe and it causes great environmental, economic and health hazards. The quantity of pollution sources is huge and the harm degree of pollutants is serious. Therefore, it is imperative to carry out environmental damage economic assessment of agricultural non – point source pollution. The second chapter analyses causing classifications, current characteristics, pathways and reasons of agricultural non – point source pollution in detail. Further analysis of the influence agricultural non – point source pollution on three aspects of the environment, the economy and health has been conducted. In terms of ecological environment, the key pollution factors of agricultural non – point source pollution are persistent organic matter, non – persistent organic matter, heavy metals in pesticides and fertilizers, which will bring irreversible contamination of soil, water ecosystem service declination and more severe greenhouse affect hand haze pollution. In the aspect of economic losses, there is no systematic estimation and statistical data on agricultural non – point source pollution, but it causes huge economic losses to crop farming, animal husbandry, breeding and aquaculture every year. When it comes to environmental health, the above key pollution factors generated by agricultural non – point source pollution will cause risks and harms to human health through soil, water, atmosphere, food and other channels, thus causing economic losses. Overall, this is not only the logical starting point, but also the theoretical starting point of this study.

The third part is core section of this article, including chapter 4 to chapter 7. In chapter 4, according to three steps which include environmental own damage size, physical quantities confirmation and environmental own damage monetization, the recovered economic evaluation methods and traditional program economic evaluation methods of agricultural non – point source pollution own damage have been constructed, comparisons and inductions about specific types of assessments in two types of methods has been done. In accordance with two steps of agricultural non – point source pollution load assessment and pollution in direct economic losses and combined with agricultural soil erosion economic damage assessment, livestock economic damage assessment, assessment of economic loss in aquaculture and rural life pollution economic loss assessment, we build agricultural non – point source pollution direct economic loss assessment methodology based on Johnes export coefficient method and environmental valuation method. In accordance with two steps of environmental health risk assessment and pollution health damage economic assessment and combined with the hazard risk identification, dose – response assessment, exposure assessment and risk characterization and so on, we propose agricultural non – point source pollution environmental health damage economic evaluation methodology based on environmental health risk assessment model and the human capital approach. The establishment of this method provides technical support for dealing with disputes or related contradictions caused by environmental pollution and provides decision – making basis and policy support for China's environmental protection departments. The fifth chapter is the construction of the economic evaluation index system of agricultural non – point source pollution environmental damage. Index system is based on six principles such as scientific, logical and systematic, and three points of basis (drawing on domestic and foreign research results, considering economic factors and evaluating core objectives), guided by four goals (basic, guidance, basis and promotability) and combined with agricultural non – point source pollution environmental damage assessment methods and related economic models. Furthermore, according to the logical thinking, indicator framework – indicator categories – index set – index item, this study respectively screens and summarizes economic evaluation indexes of agricultural non – point source pollution environment own damage, direct economic losses and environment health damage. In chapter 6, fuzzy comprehensive evaluation (F – AHP) has been used to evaluate the overall evaluation of the characteristics of the assessment system, besides, three aspects of the economic assessment of the agricultural non –

point source environmental pollution damage has been analyzed, including their environment damage economic evaluation, direct economic loss assessment of pollution and pollution health damage to the economy assessment of the impact of factors. The seventh chapter takes Honghu Lake in Jianghan Plain as an example to carry out an empirical study economic assessment of environmental damage caused by agricultural non - point source pollution. Using the method and index system proposed, the 2015 Honghu agricultural non - point source pollution in own damage economic losses, pollution direct economic losses and pollution healthy damage economic losses are assessed. The results show that in 2015 the own economic losses are 750 million yuan. Pollution direct economic losses are 191, 636, 500 yuan. Because the carcinogenic risk and non - carcinogenic risks caused by agricultural non - point source pollution environmental damage are both at acceptable levels, it has no significant pollution healthy damage economic losses.

The fourth part is the summary of this article, including chapter 8 and chapter 9. conclusion and prospect. On the one hand, the further analysis has been made according to the relevant empirical results of agricultural non - point source pollution. Besides, the classic theory, "Pressure - State - Response" model is used to propose suggestions to control agricultural nonpoint source pollution. There are mainly six "responses", in other words, governance policies. Firstly, setting up and improving the agricultural non - point source pollution control laws and regulations system. Secondly, propagandizing and promoting the consciousness of agricultural non - point source pollution environmental protection. the third "response" is to explore the scientific classification and control model of agricultural non - point source pollution (soil erosion, livestock and poultry farming pollution, aquaculture pollution and rural life pollution). Fourthly, building a long - term mechanism of economic evaluation for environmental damage caused by agricultural non - point source pollution. Fifthly, establishing and perfecting the monitoring, evaluation and early warning system of agricultural non - point source pollution. The last "response" is to establish control and compensation guarantee mechanism of agricultural non - point source pollution. On the other hand, a comprehensive summary of the full text is made, which not only reviews the overall research process of this book, but also summarizes and analyzes the research conclusions and put forward the research prospects.

On the basis of fully absorbing and drawing lessons from the relevant theories and practical applications about agriculture non - point source pollution and economic evaluation of environmental damage, this study has conducted beneficial exploration on economic assessment method, index and related issues. Consequently, possible innovation points include as below.

Firstly, from the research perspective, based on a thorough review of domestic and foreign literature, this study found that at present, domestic and foreign studies on the formation of agricultural non - point source pollution, quantitative model establishment, pollution prevention measures and other aspects have been relatively rich, but the comprehensive quantification of the ecological environment, social economy and population health losses are less involved. In addition, environmental damage assessment itself is an emerging interdisciplinary research field of environment, economy, law, medicine and other disciplines. The research is focus on the damage assessment of point source pollution, while non - point source pollution is not involved. Therefore, it is challenging, original and innovative to carry out environmental damage economic assessment on agricultural non - point source pollution.

Secondly, from the theoretical aspects, at home and abroad in the study, involving the theory of agricultural non - point source pollution research is more in the market failure theory, environmental resource property right theory and value theory from three aspects, and based on the theory of ecosystem health, this study from the viewpoints of environment, economy and health to clarify and evaluation of economic loss as a result of agricultural non - point source pollution, and accordingly put forward the corresponding countermeasures, this is a new point of view of the theory of ecosystem health beneficial complement and expand.

Thirdly, from research contents. First of all, in terms of the logicality of research content, from the perspectives of serious situation and its environmental, economic and health hazard of the agricultural non - point source pollution, that leads to the second point: the necessity of economic assessment of environmental damage, and then building economic evaluation methods and indicators of environment itself damage, direct economic loss and environmental health damage in turn, and carrying out the F - AHP for the evaluation system, verifying its scientificity and effectiveness. Secondly, from the practicality and application of the research content, empirical research was conducted on agricultural non - point source pollution in Honghu lake in Jianghan plain. Finally, based on the classic "pressure - state - response" model in the ecosystem health theory, corresponding countermeasures were proposed for the control of agricultural non - point source pollution. Therefore, this study is an innovation in the breadth and depth of previous studies, whether from agricultural non - point source pollution or environmental damage assessment.

Fourthly, from research methods, this study applied economic methods and environmental science methods. Environmental damage economic assessment of agricultural non - point source pollution was carried out, which involves many traditional economics models and methods, such as, environmental value evaluation method in the market price method, human capital method etc., but many specific methods of economic evaluation indicators, such as the concentration of heavy metals in surface water, and the water quality indexes such as TN, TP and COD, etc. in basin, all carried out the method of the environmental science field location and sampling, and using the laboratory experiment methods, such as spectrophotometry, atomic fluorescence for determination, and its reliability and accuracy of the data than previous research has obvious advantages. Moreover, the innovation of GIS method combined with environmental damage assessment method. Based on the construct of a new kind of agricultural non - point source pollution environmental damage and economic evaluation methods and indicators, this introduces the GIS method used for the health damage to the environment innovatively, as a result, the spatial distribution of heavy metal content and regional health risks were obtained, which is conducive to a more intuitive analysis of the spatial distribution characteristics and variations of relevant data, and a more scientific and reasonable use of the data as an important basis for the economic assessment of environmental health damage and health risk assessment.

From the perspective of reality, the economic evaluation of environmental damage of agricultural non - point source pollution is still an exploratory research, this study spent a large of time and energy on collecting and organizing related studies and practice cases at home and abroad, and fully elaborated and demonstrated the establishment of the economic evaluation method and index system, but is still unable to overcome the restrictions of weak foundation, research conditions data acquisition. Therefore, there are still many shortcomings and limitations, which need to be further studied:

First of all, in the aspect of economic evaluation of environmental damage caused by agricultural non - point source pollution, the four economic assessment methods in the environmental value assessment methods are only monetization measure, which can just restore environmental resources and reflect the loss of value of one or one aspect of environmental resources, but cannot perfectly reflect the various value losses of environmental resources. For example, market price method can only reflect the loss of direct use of this environmental resource. In addition, many functions and values of environmental resources cannot reflect directly or indirectly by market prices. for instance, through Johnes output coefficient method, we can calculate the load of Honghu river's COD, to some extent, reflect the environmental pollution status and impact caused by organochlorine compounds in agricultural non - point source pollutants in this basin, the degradation of COD content have many chemical and biological methods, but do not have a unified fixed price on the market. Therefore, the loss of economic value cannot measure the environmental damage caused by chlorine class organic in agricultural non - point source pollution. However, the restore project - style methods of evaluation in agricultural non - point source pollution is aimed at restoring environmental resources. It brings environmental resources back to the baseline state and recover all their functions and values into the evaluation scope, which can fully reflect the comprehensiveness of environmental values. But this kind of recovery scheme assessment method requires a large amount of historical literature and long - term field testing to complete the assessment index data in this method, which is not as fast and simple as the environmental value assessment method. Therefore, in the future research, the economic assessment of environmental damage caused by agricultural non - point source pollution should combine the resource equivalent analysis method in the alternative equivalent analysis method with the market price method in the environmental value assessment method, so as to make the economic assessment of environmental damage more comprehensive.

Secondly, in terms of direct economic loss assessment of agricultural non - point source pollution, the study used Logistic model to calculate COD reflected by the organochlorine compounds in these key pollution factors, is a preliminary exploration of this study, which combined existing empirical research in Honghu river basin with the direct economic loss caused by COD. In addition, due to this research area is now developing ecological tourism, the generalized existence of agricultural non - point source pollution will directly influence the tourism economy, so the research of direct economic loss caused by agricultural non - point source pollution only embodies the lowest valuation of agricultural non - point source pollution in Honghu basin, and is not comprehensive and perfect, need to continue in the future research and evaluation.

Thirdly, when it comes to health damage the economy assessment of agricultural non - point source pollution, considering the experience of empirical application in Honghu basin, the following four aspects need to be improved to reduce the uncertainty of health risks: (1) Enrich environmental health risk assessment types, from the study of a single surface water pollution gradually enriched to soil, sediment and other media. (2) Expand the environmental health risk assessment area to include not only the lake of Honghu but also the representative runoff of the whole basin. (3) Enrich the key pollution factors of environmental health risks, and evaluate the non - carcinogenic and carcinogenic risk of persistent organic pollutants (that is, the chlorine - containing contaminants) from agricultural non - point sources. (4) Improve the rationality of the parameters of the environmental health risk assessment model, and set more scientific and objective parameters according to the physical characteristics and living habits of residents in the study area, so as to further increase the accuracy of the assessment.

Key Words: Agriculture Non - point Source Pollution; Environmental Damage; Economics Assessment; Environmental Health Risk

目　　录

Contents

第一章

导论

第一节　选题背景与意义

当今世界正处在一个大转型、大变革、大发展的特殊阶段，“绿色环保”和“可持续”成为时代发展的主题，保护生态环境、节约能源资源已成为世界经济社会发展的主旋律。然而，人类一方面提倡“绿色环保”，另一方面环境污染事件时有发生，人类的生命财产安全受到了威胁，自然资源过度消耗，生态环境恶化，在全球范围内造成了不可逆转的损害。因此，如何协调和解决“经济发展”和“环境治理”，真正实现习近平主席提出的“美丽中国助力世界经济可持续发展”，是当前研究的重点、热点和难点问题。

一　选题背景

（一）我国环境整体状况不容乐观

根据《中国环境状况公报（2015）》披露[①]，从空气质量上来看，全国338个地级以上城市中，有73个城市环境空气质量达标，

① 环境保护部：《中国环境状况公报（2015）》。

大约占总数的两成，265 个城 7 市环境空气质量超标，大约占 80%。480 个城市（区、县）开展了降水监测，数据显示，酸雨城市占全部城市的 22.5%，酸雨的降雨频率为 100 天内有 14 天，且硫酸型酸雨占大部分，在地域分布上，主要集中在长江以南地区到云贵高原以东的范围内。其中，京津冀及周边地区是全国空气重污染高发地区，该区域内 270 个地级以上城市共发生 1710 天（次）重度及以上污染，占 2015 年全国的 44.1%，不仅空气"十差"城市中的 9 席在此区域，并且衡水、济南、保定、郑州、邢台、邯郸、唐山和石家庄 8 个城市达标天数比例不足 50%。

从全国水质状况来看，据公报介绍，2015 年国土部门对全国 31 个省（区、市）202 个地市级行政区的 5118 个监测井点（包括国家级监测点 1000 个）开展了地下水水质监测。主要对浅层地下水进行检测评价结果显示：水质呈优良的监测井点比例为 9.1%、良好为 25%、较好为 4.6%、较差为 42.5% 和极差为 18.8%，地表或土壤水污染下渗对检测结果的影响较大。个别水质监测点存在铅、六价铬、镉等重（类）金属超标现象，水质评价结果总体较差。河流湖泊污染方面，对全国 423 条主要河流、62 座重点湖泊（水库）的 967 个国控地表水监测断面（点位）开展了水质监测，监测结果显示Ⅰ—Ⅲ类水质断面占 64.5%、Ⅳ—Ⅴ类占 26.7%、劣Ⅴ类占 8.8%。海洋污染方面，与 2014 年夏季同期相比，黄海和南海劣四类海水海域面积分别增加了 1710 平方千米和 520 平方千米，我国 9 个重要海湾中有 6 个水质差或极差。污染海域主要分布在近岸海域，包括辽东湾、渤海湾、莱州湾、江苏沿岸、珠江口、长江口、杭州湾、浙江沿岸等，其中辽东湾、渤海湾和闽江口水质差，长江口、杭州湾和珠江口水质极差。

从全国土壤环境状况来看，《全国土壤污染状况调查公报（2014）》披露①，我国的土壤环境问题在部分地区较为突出，其中

① 环境保护部、国土资源部：《全国土壤污染状况调查公报（2014）》。

耕地土壤环境质量相比之下最为严重，与之齐平的是工矿业废弃地的土壤环境问题。全国土壤的总点位超标率为16.1%，其中轻微污染点位占11.2%，轻度污染点位占2.3%，中度污染点位占1.5%，重度污染点位占1.1%。如果按照土地利用类型来分，耕地点位超标率为19.4%、林地点位超标率为10.0%、草地点位超标率为10.4%。其中，主要污染物类型为无机型，无机污染物的超标点数占到了82.8%，其中镉点位超标率为7.0%、镍4.8%、砷2.7%、铜2.1%、汞1.6%、铅1.5%、铬1.1%、锌0.9%。复合型污染所占比重最小，有机型介于两者之间，再看有机污染物，六六六点位超标率为0.5%、滴滴涕为1.9%、多环芳烃为1.4%。因此，在我国经济增长形势有所放缓的情况下，无论是空气、水还是土壤的环境状态均不容乐观。

（二）资源环境制约经济发展问题凸显

在一定程度上，资源决定了一个国家经济发展的高度和水平，是社会稳定发展的源泉。改革开放以来，我国经济保持高速增长，虽然人口一直保持在一个稳定的数量，但是这种粗放式的发展模式很大程度上是以从自然界获取物质财富和牺牲环境资源为代价的。另外，资源环境本身虽然具有恢复和再生能力，但是近年来我国经济生产活动对环境资源开发和攫取的规模已远远超过其恢复的速度，本质上体现为环境污染造成的影响已经超出环境自身能承担的最大负荷。同时，恶劣的资源环境，反过来又会影响人类的生存和社会经济发展，这对我国经济发展带来巨大经济损失并对可持续发展战略构成巨大挑战。

在中国国务院发展研究中心与世界银行共同调研完成的《中国污染代价》报告中称，每年中国因污染导致的经济损失达6000亿—1.8万亿元，平均占GDP总量的5.8%。而据中国环保部环境规划院研究显示，2010年环境污染所带来的损失达1.1万亿元，占当年GDP的3.5%。2013年中国的环境污染经济损失为2.94万亿—3.53万亿元，而2014年的污染损失达3.82万亿元，占当年中国GDP总量的比重约6%。

简言之，资源环境与社会经济发展之间的关系较为复杂，既需要互相联系，又需要互相制衡。经济提升的基础是资源环境，同时，资源开发利用又需要经济发展来做保证，我国人民的生活生产和经济活动都与资源环境密不可分。因此，经济高速增长与现存资源无法满足经济发展需要的矛盾将长期在我国存在，生态环境的脆弱性和易改变性将直接对经济发展造成负面影响。

（三）环境治理问题面临挑战和矛盾

我国生态文明建设的重要制度保障是良好的环境治理机制和政策，甚至是决定生态文明建设成败的关键因素。虽然近年来我国在环境治理方面逐步完善机制，环境保护力度不断加大，污染减排工作不断增强，然而当前我国仍处在经济转型升级阶段，资源的浪费仍然较为严重，这就让环境保护的发展面临的情况变得较为复杂，环境整体不断恶化的大趋势并没有逆转，环境治理工作还面临着一些新旧挑战和矛盾：

一是经济发展与生态文明建设之间的矛盾。虽然自党的十八大之后，生态文明建设被提上我国社会主义事业“五位一体”的总体格局高度，但我国经济发展对能源的依靠仍然较重，经济发展方式与生态文明建设之间存在着矛盾，粗放型、高污染、高能耗的产业模式依旧存在；我国大多数地区经济发展仍然以牺牲环境和透支未来为代价，绿色经济发展相对不足。马凯（2013）指出，我国高污染、高耗能的产业其实在过去十年没有减少反而有翻倍的趋势。这是当前生态文明建设中面临的最重大的考验，应改变当前的经济发展方式，通过引入高新技术，推动产业结构的升级，走低碳环保的发展路线。

二是管理体制分割性与生态整体性之间的矛盾。生态环境系统是一个整体，在内部是相对一致的，也就是在环境中的各种生物以及非生物共同构成了一个有机的整体。环境污染对生态系统的破坏虽是整体的，但我国现有的行政管理体制是按职能设置的，具有一定的行政分割性，例如，对于生态系统的同一区域，不同部门具有不同的生态环境保护责任，如环保、水利、农业、林业等部门，另外生态环境保护被按行政区分割保护。这样就容易使部门之间的关系混乱，在一件具体的事情上相互“踢皮球”，不愿意协调配合，使得生态环境得不到很好的保护，有关政策也不能发挥其效果。

三是全球环境治理压力与全球化机遇之间的矛盾。环境治理问题正在面临全球化的挑战，我国现在为世界第二大经济体，这就意味着我国的经济地位在全球的重要性。另外，在世界经济、文化逐渐一体化的大背景下，我国高污染、高排放的现实与我国在国际社会中的地位极其不符，国际地位急切呼吁我国承担更多的环境保护责任，因此才有我国对世界到2020年将二氧化碳排放量降低15%—20%的郑重承诺。

四是公众环境意识提高与合理制度补充之间的矛盾。公众没有渠道可以参与到环境政策的制定以及执行当中来。环境政策的实施总是自上向下进行，公众总是被牵着走，缺乏主观能动性。公众虽然具有信访、诉讼、听证会等方式来参与环境决策和执行，然而取得的实效甚微，从而可能会导致大规模的群体抗议事件的发生，甚至在某些偏远地区会危害地区的稳定，这是当前政府在环境治理方面面临的新挑战。

（四）农业面源污染形势更为严峻

农业面源污染是一个世界性的环境污染问题，在全世界退化的12亿公顷耕地中，约12%是由农业面源污染导致的（Dennis L. et al.，1998）。我国农业面源污染现状十分严峻，水质与土壤都遭受到了严重危害。根据农业部2010年公布的《第一次全国污染源普查公报》显示，全国农业面源污染物排放对水环境的影响较大。第一次全国污染源普查中农业源普查对象共2899638个，占总数的48.93%。普查结果显示，农业污染源化学需氧量（COD）、总氮（TN）、总磷（TP）排放量分别占总量的43.71%、57.19%、67.27%，其中种植业总氮流失量159.78万吨，总磷流失量10.87万吨；畜禽养殖业排放污水中包含化学需氧量1268.26万吨，总磷

16.04 万吨，总氮 102.48 万吨；水产养殖业排放污水中包含化学需氧量 55.83 万吨，总磷 1.56 万吨，总氮 8.21 万吨。

《中国环境状况公报（2014）》，显示我国七大江河水系均受到不同程度的污染，七大流域和浙闽片河流、西北诸河、西南诸河的国控断面中，Ⅰ类水质断面仅占 2.8%，三类以上水质断面占 71.2%，主要污染指标为化学需氧量、生化需氧量（BOD_5）和总磷。全国 62 个重点湖泊中三类以上水质湖泊 38 个，主要污染指标为化学需氧量和总磷，其中太湖湖体平均为轻度富营养状态，巢湖湖体平均为轻度富营养状态，滇池湖体平均为中度富营养状。引起富营养化的原因，很大程度上与农业面源污染相关。另外，全国至少有 1300 万—1600 万公顷耕地因农业面源污染导致严重污染、土壤酸化、有机质降低等问题（张士功，2005）。

因此，相比于我国点源污染的有效可控性的现状，面源污染的现状更为严峻，甚至有超过点源污染程度的趋势。

（五）党和政府高度重视环境保护

改革开放以来，伴随着经济迅猛腾飞发展，我国正处在城镇化建设期，同时经济社会发展不断转型、资源能源与环境之间的矛盾也凸显出来，环境需求和压力较大，这就直接导致了突发性环境污染事件的发生。特别是广大农村地区，在点源污染尚未完全控制的同时面源污染问题却日益严重，有专家指出，生态破坏和环境污染问题将会对农村和农业的发展产生不利的影响。

党的十八大高度强调了生态文明建设的重要性，将其提高到与经济建设、政治建设、文化建设和社会建设相同的高度，并将其纳入我国社会主义事业五位一体的总体格局。党和政府追求的生态文明，即“在实践中就是要按照科学发展观的要求，走出一条低投入、低消耗、少排放、高产出、能循环、可持续的新型工业化道路，形成节约资源和保护环境的空间格局、产业格局、生产方式和生活方式”。目前，党和政府对环境保护与治理的高度重视，体现在以下两个方面：

一方面，多部环境保护法规保驾护航。我国逐步建立起一套较为完善的环境治理体系，并陆续出台22部相关法，超过40部环境法规，大概500个标准和600多个规范性法律文件；另一方面，顶层设计上对生态环境损害责任终身追究。党的十八届三中全会提出“加快生态文明制度建设，完善最严格的环境保护制度”，并且“实行最严格的损害赔偿制度、责任追究制度”，并提出要“探索编制自然资源资产负债表，对领导干部实行自然资源资产离任审计。建立生态环境损害责任终身追究制”。从制度层面要求领导干部在任时要关注生态环境问题，而不能仅仅看重GDP和财政收入，否则可能会受到党纪国法的追究。此外，环境损害经济评估和环境损害的公益诉讼在新《环境保护法》修订中均有所体现，也反映了环境损害评估在环境管理中的重要作用。如何有效控制污染并对其引发的环境损害进行经济评估，已成为我国亟待解决的突出问题。

二　研究意义

随着我国经济的高速增长和生态文明建设的不断深入，在全国点源污染得到广泛关注和有效控制的情况下，面源污染因其随机性、持久性和危害性已成为环境保护的又一重大难题，面源污染不仅是环境保护和治理的核心内容，更与我国的“三农”、工业化和城镇化等问题交织在一起，成为影响我国经济全面发展的关键因素，也是实现可持续发展的重要因素。开展农业面源污染的治理成为环境保护迫在眉睫的大事，而对农业面源污染的环境损害经济评估，不仅是认清和界定面源污染带来的环境、经济和健康方面损害的有效方式，更是对污染开展有效治理的来源和依据。因此，本书的研究不仅拥有一定的理论意义，其现实意义也十分明显。

（一）理论意义

就理论层面来说，本书研究的农业面源污染问题从环境损害的经济评估角度入手，对进一步丰富农业面源污染经济影响因素理论和农业面源污染防控理论等与面源污染相关理论有很大的帮助。从农业经济规模上看，面源污染经济影响因素理论更多地涉及农业经济规模与消耗的农业资源及产生的面源污染量的正比关系，但是面源污染到底产生了多大的污染，污染体现在哪些方面，具体的污染量造成了多大的经济损失却没有深入涉及。从农业经济结构上来看，面源污染经济影响因素理论更多的是从农业污染密集型行业所占比重与污染物排放量大小间的关系方面进行阐述的，但农业污染密集型行业和非密集型行业到底对环境、经济和健康造成了多大损害，带来了多少经济损失也没阐明。从面源污染的治理对策上看，面源污染防控理论更多的是从环境治理政策与治理投入及其所产生的环境友好型生产行为和可以减少污染物排放量的宏观政策层面加以论述的，但对于一定研究区域农业面源污染造成的环境、经济和健康三个方面的影响大小，哪个是重点需要治理的，需要治理的关键污染因子是哪种，这些也较少涉及。

因此，本书在实证研究的基础上建立了一套可应用于农业面源污染环境损害经济评估的方法和指标体系，并具体评估一定研究区域内农业面源污染的非持久性有机物、持久性有机物和重金属等关键污染因子对环境、经济和健康造成的具体损失大小，并基于“压力—状态—响应”逻辑框架，提出具有极强针对性的面源污染的防治对策。此研究的开展，将为我国农业面源污染环境损害的鉴定和评估、面源污染的治理提供一定的理论参考和依据。

（二）现实意义

农业面源污染是环境污染中较为特殊的一类，我国自古便是农业大国，但却并非农业强国，全面开展因农业面源污染带来的环境损害经济评估，并对相应污染进行治理，不仅是当前生态文明建设的需要，也会对我国经济全面协调可持续发展产生深远影响。具体来说，本书具有以下现实意义：

一是增强我国环境立法的实施效率。尽管我国环境损害经济评估，特别是农业面源污染环境损害经济评估制度建设方面仍处于起步阶段，尚未形成完备的污染损害经济评估的成熟管理模式，在实际工作中仍有诸多问题亟待解决。但是，随着政府日益重视农村环境污染治理，农民环境意识也不断觉醒，建立完善的农业面源污染环境损害经济评估方法和指标已成为环保实践的重要努力方向。

二是促进利用经济手段深化农村环境管理。通过农业面源污染的环境损害经济评估定量一定区域面源污染造成的损失大小，让相应的损害赔偿真正能够弥补其对环境本身、农民身体健康损害及财产所造成的损失。这样既可以提升责任主体的经济成本，促使其遵守相关环保法规，提升环境保护意识，减少农业面源污染的发生，又可以树立社会公平公正的环保理念，还青山绿水于广大农民。

三是拓宽政府和农民环境维权诉求途径。伴随着我国经济的高速发展和农村城镇化建设的浪潮涌起，农业面源污染带来的损害日益严重。然而，我国针对环境污染损害经济评估的立法不全，技术支持并不完善，专业评估机构和人员匮乏，技术依据和评估标准缺失，可以说我国环境污染损害经济评估的能力已经远远无法满足广大农民日益增长的环境污染损害赔偿的需求。本书通过梳理一整套农业面源污染的环境损害经济评估指标体系，为相关损害经济评估提供一定的理论依据和技术保障，从技术角度改变我国农村地区长期存在的面源污染“难告状、难受理、难审批、难执行”的现状。

四是提升环境污染损害经济评估的效能。从科学技术的角度看，环境污染损害经济评估是一个极其复杂的技术系统，本书在梳理应对农业面源污染的环境损害经济评估指标体系的基础上，开展损害经济评估方法的具体研究，全方位、多角度、科学地对农业面源污染事故展开评估和分析，在实际运用中不仅为专业的环境污染损害经济评估提供了坚实的技术支撑，更大力提升了损害经济评估的效率和准确性。

第二节　相关研究文献综述

农业面源污染是导致水质恶化的重要原因，是世界性的环境问题，已引起各国的广泛重视。其研究开始于20世纪60年代，欧美等发达国家率先开展。直至20世纪70年代，世界各地均逐渐开始广泛关注农业面源污染问题，80年代该问题的关注度达到了发展高峰期。国外关于农业面源污染的研究具有广泛的范围，包含转化机制研究、污染现状调查、农业面源污染迁移、污染负荷估算、排污模型建立、环境影响评价、污染防治措施等各方面。国内的研究则主要集中在农业面源污染治理和现状调查，但是由于起步较晚，理论研究滞后于发达国家，实践应用不足。虽然国内外在农业面源污染的研究上取得了一些的成果，但研究重点主要还是侧重于防治技术、法律法规和经济政策角度，而忽略了污染对环境自身所带来的损害，不利于生态可持续发展。因此，及时、准确地把握国内外农业面源污染的研究现状和动态，对我国控制农业面源污染，加强生态文明建设，具有十分重要的意义。

一　国外研究进展

国外关于农业面源的研究起步较早，研究范围也比较广泛，包含农业面源污染迁移和转化机制研究、污染现状调查、污染负荷估算、排污模型建立、环境影响评价、污染防治措施等各方面。其中，美国开展农业面源污染研究历史最长，是世界上少数几个对点源和面源污染进行全国性系统控制研究的国家之一，开展研究的数量也达到全球首位。

（一）形成机制研究

农业面源污染的产生主要是由于土壤的扰动而引起农田中的土粒、氮磷、农药及其他有机或无机污染物质，在降水的冲刷作用下，通过径流过程大量地汇入收纳水体，或者由于水产养殖和畜禽养殖业直接排污进入水体导致水体污染（Chen et al.，2013；Taink et al.，2013）。从本质来说，土壤中的农业化学物质是农业面源污染物的主要来源。污染物的产生、迁移与转化过程可以理解为污染物从土壤圈向其他圈层，特别是水圈扩散的过程（Shen et al.，2013）。

从技术角度来说，大量使用农业化学物质是导致农业面源污染的主要原因，如农药、化肥、农膜等，其后果是增加了面源污染物的流失潜能（Cater和White，2012）；从管理角度来说，由于农业配套设施的不完善，其后果是造成了面源污染物的实际流失（Ke et al.，2014）。国外提出了一系列的污染负荷模型来模拟农业面源污染的动态过程，来推进机理研究的深化、细化，如美国农业部提出的SWAT模型是一种基于GIS基础之上的模型，利用遥感和地理信息系统提供的空间信息可模拟水量、水质以及杀虫剂的输移与转化过程（Rodriguez－Blanco et al.，2016）。美国农业研究局研制的AG-NPS模型可用于预测氮、磷元素等土壤养分的流失，对于农业面源污染的氮、磷元素迁移研究具有十分重要的意义（Zhang et al.，2014）。

（二）农业面源污染定量模型

20世纪70年代，国外发达国家就已经开始系统地研究农业面源污染问题，由初期的定性研究转向定量研究，由静态分析拓展到动态分析，由此提出了大量污染负荷模型来模拟农业面源污染过程。在这一过程中，农业面源污染模型主要经历了三个大的阶段改动，从简单到复杂的过程依次为经验型模型、确定型模型和随机模型（李丽华等，2014）。

（1）经验型模型。20世纪70年代以前，国外农业面源污染的模型研究主要集中在面源污染统计模型的研究和应用。通过对污染负荷和流域土地利用或径流量之间的经验关系进行测量，并以此建立经验型模型，能够在一定程度上识别土地利用或流域面源污染负荷（Yoram et al.，1978）。美国在经验模型方面的研究成果最为丰富，代表模型有通用土壤流失方程模型（USLE）、径流曲线方程（SCS）（USDA，1972）和早期的输出系数法（或称单位面积负荷法）等（Shen et al.，2012；Wang et al.，2013）。但是，由于缺乏对溶质运移的机制和动力学特征的考虑，模型的功能较为单一，虽然其低数据要求、强实用性和高准确性的特征备受研究人员青睐，但经验型模型由于无法对面源污染的过程进行动态模拟和估算，在实际应用和研究中都存在着限制。

（2）确定型模型。到20世纪70年代中后期，随着计算机技术的发展，计算机模拟技术被广泛运用到各行各业，对土壤溶质运移过程的监测也逐渐广泛，面源污染模型开发的主要方向开始向确定型模型逐渐发展。早期的代表性模型有美国农业部提出的GREAMS和GLEAMS模型（Knisel，1980；Leonard，1987），普度大学比斯利（Beasley）等提出的ANSWES模型（Beasley et al.，1980），以及美国农业研究署和明尼苏达州联合开发的AGNPS模型。上述模型的优点是可以利用计算机模拟技术，较为准确地检测流域不同节点及出口处的流量和水质，并进行有效的监控，确定型模型没有考虑空间变异性，在大型流域及复杂地貌状况中应用的话，效果不是很好，同时，空间信息也较难通过模型获取。随着3S技术的发展，使得考虑空间变异特征成为可能，3S技术与农业面源污染模型的完美结合，使模型在功能、精度、处理效率等各方面都得以更加完善（Li et al.，2016）。

（3）随机模型。进入21世纪以后，人们意识到，只有对生态自然系统进行简化，并加以一定的假设，才能利用模型计算自然系统，再加上所获取的数据存在不确定性，模型运行时输入信息的误差等原因，导致最终的模拟结果也存在很大的不确定性，因此随机模型应运而生。其中，最具有代表性的是威廉（William）等提出的传递函数模型理论（William，1986）。此模型不考虑溶质在田间土壤中运移的微观机制，把溶质在土壤孔隙中复杂运移现象作为一个随机过程处理，把溶质的输出表征为输入通量函数，用概率密度函数来对溶质在土壤中发生的动力学过程进行反应（Bossa et al.，2012；Ahmadi et al.，2013；Salazar et al.，2013）。

（三）农业面源污染防治对策研究

根据外部性理论，以下两种政策思路是切实可行的，并且针对了环境污染所带来的负外部性特征。一种是政府干预思路，它是由英国著名经济学家庇古提出的，该思路主要由政府来扮演主要角色，政府采取直接管控或命令措施，比如制定排污标准、征收环境税或排污费（Ouchida 和 Goto，2016；Rausch 和 Schwarz，2016）。另一种产权交易思路，由科斯提出，主要想法则是通过市场手段来控制污染。这种思路做法增加了控制污染行为的灵活性、效率及成本效益（Coase，2013）。利用经济手段，通过经济激励措施，利用经济上的利益来驱动污染者，以达到控制污染的目的。这种方法能够有效地解决不同污染者之间不同矛盾，便于污染者根据自己的实际情况采取最合适的污染控制方法。排污权交易制度是国外学者研究得最多的面源污染的措施，除此之外，常见的经济手段还包括排污收费、排污权交易、税收、信贷、补贴以及成本分摊等（Fowlie et al.，2013；Konishi et al.，2015）。

（1）环境税费。大多数国家控制农业面源污染的普遍做法是征收环境税费，而欧盟各国在这方面做得尤为突出。增加税费可以鼓励纳税人减少对环境高污染产品的生产和购买，可以引导产业转型（Murray et al.，2015），例如，通过设定税率差距，有效区分常规化肥农药、低污染的生物农药和微生物化肥，有效刺激和鼓励企业生产和使用低污染产品，同时还可以提高产品的竞争力。

各国针对农业面源污染的税费名目多样，但有一个共同的特性就是多采取间接地征收产品税费。由于农业面源污染具有广泛性、分散性和随机性等特点，在实际应用中，很难实现对污染物排放量的监控（Zarate－Marco et al.，2015）。从 1986 年开始，奥地利就已经开始征收化肥费，虽然税收的水平很低，但这一举措也极大降低了奥地利的化肥使用量；丹麦对零售杀虫剂征收 20% 的税收；芬兰 1990 年 1 月引入磷肥税，1992 年氮肥也被纳入征收范围，另外还实行杀虫剂登记和控制收费。在美国，农用化学品的生产者和销售者则被需要要求缴纳特定的化学原料消费税，包括 42 种农用化学品，农用化学品的具体税率各不相同，收取的税费从每吨 10 美分到 24 美分不等（Eichner et al.，2015）。

（2）政府补贴。美国自 1934 年 6 月通过的“泰勒放牧法”之后，相继颁发了一系列法律法规鼓励农民休耕或退耕部分耕地，政府对这部分农民给予一定的经济补贴，以期从源头上控制农业面源污染，取得了明显效果。补贴额度则是根据政府预估的下一年度市场需求量所决定的，当政府预估的下一年度市场需求大时，政府就会降低补贴力度，以鼓励农民扩大耕地面积；反之，政府加大补贴力度，以鼓励农场主休耕，以达到减产的目的（Silva et al.，2016）。

英国为实现农业生产与农业保护的和谐发展，实行了农业“环境许可证制度”，希望能够从以单纯补贴为主向强调农业全面发展和统一规划的方向转变。农业“环境许可证制度”制定了一系列环保标准。如果农户要想拿到政府的补贴，必须保证其农业生产达到标准，否则就会被从补贴名单中除名（Tipping，2016）。此外，英国政府还在考虑提高“环境补贴”基金额数。有消息表明，英国将会把共同农业政策基金的10%用于环境保护补贴，而在欧盟这个比例仅占了4%—5%（Hafezalkotob et al.，2016）。

（3）点源与面源排污许可交易制度。实际生活中污染控制效果不明显的主要原因在于面源污染存在广泛性、分散性和随机性，难以实现对污染物排放量的监控，即使是法律法规，也很难明确规定污染排放标准。美国自20世纪80年代末起，就开始尝试一种新的排污许可交易制度，即排污许可交易制度，将点源污染与面源污染结合起来（Testa et al.，2014），希望能够激励面源污染者投入污染防治中来，可有效控制农业面源污染。该制度是在总量控制体系中纳入面源，允许点源与面源污染者进行排放量交易。美国环境保护署在北卡罗来纳州和科罗拉多州等地区实施了点源和面源的排污交易，取得了较好的效果。当前，这种交易方式是美国市场型管控的主要手段之一。

（四）环境损害经济评估

尽管国外还未涉及对农业面源污染的环境损害经济评估研究，但是人们已经开始逐渐深入研究环境污染损害的内涵。早期的环境污染损害主要针对人和财产。由于与人类生活的相关性，被称为

“传统损害”的它们在环境保护早期阶段就已经得到了广泛的关注（Burg，2008）。因为其损害对象是人和财产，属于侵权责任法的规范对象，产权制度系统在国外已经较为成熟。因此，当涉及人身损害，财产损害的经济评估以及赔偿这类问题时，需要根据相应产权制度下的民事责任解决（Boehm et al.，2007）。例如，日本的《公害纠纷处理法》（1970 年）、《瑞典环境损害赔偿法》（1986 年）以及《德国环境责任法》（1990 年）等。其中《瑞典环境损害赔偿法》第 1 条第 1 款规定：“本法所称损害赔偿，是指对于基于不动产的人为活动通过环境造成人身伤害、财产损害以及由此导致的经济损失所给予的赔偿”（Ofiara，2002）。

随着人们不断深入了解环境资源和服务重要性，环境污染损害的内涵也不断得到拓展。人们发现，除了通过环境造成传统损害外，污染物还会对环境本身造成一定的损害，而这类损害造成的后果往往更加严重（Dunfore et al.，2004）。环境自身遭受的污染损害虽然是环境污染的直接后果，但却一直被人们忽略。随着近年来，人们对环境问题的不断关注，污染事故频发，人们的环境意识也在逐步提高。这类损害就是环境自身损害，是逐渐拓展、新形成的环境损害类别。由于“环境自身损害”的对象是环境本身，难以与传统损害一样契合于侵权责任法，在处理这类环境问题时，情况更为复杂。在 20 世纪 70 年代，诸如《油污责任公约》《油污基金公约》等早期国际公约还没有将这类损害纳入考虑范围内，随着环境问题的日益严重，20 世纪 80 年代以后，国际社会在扩展处理这方面问题的法律和规则时，环境本身的损害也需要进行赔偿。如上述两个油污公约 1984 年和 1992 年的修订法案、HNS 公约、CRTD 公约、1997 年的维也纳公约、2004 年的巴黎公约和罗加诺公约（Boehm et al.，2007；Zafonte et al.，2007）。

在国家层面，由于各国在发展过程中面临的主要环境问题和应对措施不同，环境损害评估也存在很大的差异性，主要体现在环境损害的范畴界定和应对措施上。

世界上第一个拥有完善且可使用的环境损害评估和赔偿制度的国家——美国，其早期的环境损害主要是依靠普通法来解决的。随着环境事件发生的频率逐年增加，普通法已无法满足日益凸显的环境问题。随着公众越来越密切关注自然环境问题，20 世纪 70 年代，美国就开始制定新的环境法，对环境损害评估和相关的责任进行明确。在随后的 20 年里，美国不断完善该法律，并逐步建立起生态环境损害评估和赔偿制度（Defrancesco et al.，2014）。在美国联邦层面，最主要的环境损害响应和责任追究的法律文件当属《清洁水法》（CWA，1997），主要针对石油和有害物质排放造成水体污染而导致的环境损害评估与赔偿；《综合环境反应、赔偿和责任法》（CERCLA，1980），主要针对危险固体废弃物和有害物质的不当处置造成的场地污染和资源环境损害进行应急响应、责任追究和治理恢复；《石油污染法案》（OPA,1990），主要对油类物质泄漏进行处置和求偿。OPA 对损害评估和求偿范围做出了较大拓展，涉及环境公益损害和环境私益损害评估和赔偿，是建立在其他两部法律之上的。在环境基线恢复方面，美国内政部（DOI）和海洋与大气管理局（NOAA）颁布的环境损害评估导则中，均将自然资源提供的服务损失作为评估结果，并将被污染的环境资源恢复至该区域环境基线状态作为首要目标和最终方案（Gouguet et al.，2009；Munns et al.，2013）。在环境损害因果关系认定和损害量化方面，美国相关法律明确规定在因环境污染案件起诉时必须证明污染物质的泄漏与环境损害之间的必然联系，并且必须量化因污染导致的自然资源损害，并在恢复阶段采取主要恢复、补充性恢复和补偿性恢复三项方案（Roach & Wade，2006；Dennis，2014）。除此之外，美国各个州县也根据自身情况制定了各自的相关法律和规定。

欧盟的环境损害评估进程较慢，也充分借鉴了美国的经验。2000 年，为了加强人们对环境本身被损害重要性的认识，欧盟颁布了《环境民事责任白皮书》。书中明确提出了“环境的损害不仅包括对人、财产和场所污染造成的损害，也包括了对自然的损害，特别是对那些从生物多样性保护观点看是非常重要的自然资源”。白皮书不仅规范了传统损害和环境本身的损害的关系，还根据其建议，在2004年正式颁布了《关于预防和补救环境损害的环境责任指令》（ELD），在2007年，由各成员国转化为国内法正式实施，对环境自身的损害（白皮书建议的）进行了责任规定（Reilly et al.，2012）。

简而言之，国外发达国家对环境污染损害的认识也是逐渐深入的。它们不局限于用民法手段解决环境损害问题，更是在发现环境本身损害的重要性已经高于传统损害时，开始针对环境本身受到的损害所能应用的法律法规进行研究。

二　国内研究进展

国内发表的农业面源污染相关文献中，很大一部分集中在农业面源污染治理，另外对农业面源污染现状的调查和研究也比较多（高懋芳，2014）。目前，关于农业面源污染的研究主要多是以典型流域及大型水体污染控制为首要目标，国内的热点研究区域主要有三峡库区、太湖流域、密云水库、巢湖、滇池等。

（一）形成机制研究

在农业生产活动中，由于降水或灌溉，农田中的土粒、氮磷、农药及其他污染物质，借助农田地表径流、农田排水和地下渗漏等途径而大量地进入水体，或是由于水产和畜禽养殖业的任意排污直接造成的水环境污染被统称为农业面源污染。它主要来源于禽畜养殖、水产养殖、化肥和农药施用、农膜使用、秸秆污染等。对农业面源污染的机理研究包括污染物在土壤中的迁移、转化行为和污染物在外界条件下（降水、灌溉等）从土壤向水体扩散过程两个方面。李其林等对农业面源污染的主要污染物质氮、磷、硝酸盐、杀虫剂、致病菌、沉积物的污染机理分别进行了详细阐述，包括在土壤中的转化机理和土壤至水体的扩散机理，并指出要从污染物的性质和特征出发，结合自然地形、气候、土壤、植被等特点探索适合不同地区的农业面源污染控制对策和措施。从动态过程的角度来阐释农业面源污染，张水龙认为，农业面源污染主要由降水径流过程、土壤侵蚀过程、地表溶质溶出过程和土壤溶质渗漏四个过程组成并相互作用，它是一个连续的动态过程。除了自然机理角度，也有学者从社会经济方面展开研究。饶静（2011）等从宏观、中观、微观三个方面分析了我国农业面源污染的发生机制，并从经济学视角进行解读。梁流涛（2010）等认为经济发展导致农产品需求结构、农业结构的变动等都会对农业面源污染产生的环境因子产生影响，在很大程度上会影响农业面源污染。

（二）农业面源污染负荷研究

我国农业面源污染负荷研究正处于起步阶段，相关研究兴起于2000年以后。目前，已有不少学者开展了研究，并对不同流域和地区的农业面源污染负荷进行了估算。李翠梅（2016）等以太湖流域苏州片区为研究对象，展开了以太湖流域种植业（水产养殖业）规模化家禽养殖业为代表的农业面源污染氮磷污染负荷计算研究，对2007—2011年苏州市氮磷的排放情况进行了核算。根据哈尔滨市2002—2012年的农业统计资料，孙秀秀等（2015）利用输出系数模型估算了该地区农业面源污染总氮、总磷年输出负荷，并对估算结果分不同污染源、种植类型、畜禽种类进行了分析。杨彦兰（2015）等利用输出系数模型对三峡库区重庆段的农业面源污染物总氮和总磷进行了估算，并确定了不同污染源对总氮和总磷的贡献率。

而在污染负荷模型的研究上，国内学者主要是对国外已有模型进行改进或研究模型的适用性，缺乏自主创新。陈欣等利用AGNPS模型结合排溪冲小流域地形、植被、土壤等相关资料对磷素的流失结果进行预测，从小流域应用可行性层面评价该模型是否可用于我国南方丘陵区。结果表明，同实际观测结果相比，预测结果与之基本相符，两者的相关程度较高。王飞儿等（2003）应用AGNPS模型就时空分布以及污染物输出总量方面，对千岛湖流域的农业面源污染做出了一定的预测分析研究，其结果证明该模型应用于农业面源污染负荷估算及评价是可行的。陈纬栋（2013）利用SWAT模型对洱海流域农业面源污染负荷进行了定量化的模拟计算研究，结果表明该模型应用于农业面源污染负荷估算是可行且具有准确度的。曾远等（2006）通过 Mapinfo、Arcview 等 GIS 软件不仅建立出了基础数据库——太湖流域典型圩区基础和专题数字图鉴，还充分利用 GIS 的整理技术以及空间数据分析提取出 AGNPS 模型所需的重要空间、属性等参数如坡度、坡型、坡长等，系统而又全面地在 AGNPS 模型帮助下，定量计算出平原河网区的地表径流量以及氮、磷流失负荷。

总之，我国目前对于农业面源污染负荷，虽有对于不同流域和小范围区域进行污染负荷估算，但是尚未建立统一的估算体系。在污染负荷估算方法和模型研究上，目前基本以引用国外的方法和模型为主，缺少本土的研制与开发。因此，迫切需要建立一套完善的估算污染体系，让农业面源污染负荷模型能反映出区域空间、时间变异特征并且与我国区域各异的特色和地理特点相适应。

（三）农户经营行为研究

除了自然生态方面外，农业面源污染的成因在很大程度上归结于人为因素。而农业活动的主体是农户，农户的经营行为极大地影响了农业面源污染的产生。以往早期研究农业面源污染时，侧重方向主要是技术以及工程层面的定量分析，较少从社会经济管理角度出发进行探究。随着近年来农村环境的不断恶化，人们研究时广泛关注的内容切换到了农户经营行为对于环境方面的影响。根据现有研究所呈现的具体情况来看，研究的内容主要有：分析农户自主环保意识、商业投资行为、兼业行为、自身经营规模、农业技术培训经历以及如家庭人口规模、家庭受教育程度等的家庭禀赋特征，研究方式主要为农户调查，然后运用统计模型或是计量经济模型对其进行研究，而从大多数的研究结论可得，农户的经营行为势必影响着农业面源污染。

目前，在诸多农户经营行为之中，关于农户投资行为对农业面源污染的影响问题被研究得较多且深入，而其中成果最为显著的是农户生产资料如肥料、农药、农膜等的投入对农业面源污染的影响。何浩然等构建了一个计量经济模型对其进行研究，从其研究结果来看，农户的施肥行为对于农业面源污染的影响是重大的，对其进一步研究后发现，非农就业可以促进农户化肥的施用水平，同时，对农户进行农业技术培训也会在一定程度上增加了农户化肥的施用量。而李海鹏则证实，农户土地占地面积大小以及受教育程度与化肥投入量之间有着显著的相关关系，且为负相关（陈勇等，2010）。

梁爽等通过对密云地区的农户经营行为进行研究，证实农户环保支付意愿受到农户自身环保意识、有无非农收入以及农户受教育等的影响。冯孝杰等认为，无论是农户的投资方向、力度，还是农户自身经营规模、结构等，都会对农业面源污染造成影响。姜太碧等进一步研究发现，控制农业面源污染时，还应注意农户居住方式、农户环保意识、农户非农收入比重、基础设施建设水平以及污物处置收费等多种影响农户行为的因素。

由于农户经营行为逐渐得到重视，有学者就不同角度、不同地区对农户经营行为与农业面源污染关系展开研究，得到了不同结论。姚瑞卿等（2015）研究表明，农户的行为存在“有限理性”，这使得农户“集体组织”无法完全体现出农户行为的“一致性”，不过，在与政府的监督行为长期博弈当中，农户日常生产生活行为是存在一定的“演化稳定策略”。所以，若想有效控制减少农业的面源污染，政府对农户行为的监督和引导必不可少，此外，还应采用相关措施激励农户，使其在生产生活中让农业面源污染排放达标。姜太碧等（2013）将“成都试验区”作为一个案例，分析影响农户日常处理生活污物行为的因素，发现诸如农户生活居住方式、居住地基础设施建设情况、农户自身环保意识、污物处置费以及非农收入比重等因素都会从正面对农户生活上的污物处理行为产生影响，能够引导农户对生活污染物进行妥善处理。这之中影响最为显著的要数农户生活居住方式以及居住地基础设施建设情况，而农户的家庭收入水平的影响则并不明显。周早弘（2011）以江西省鄱阳湖生态经济试验区为例，利用经济计量分析，研究农业面源污染是否与农户土地占地面积、农产品平均产量和自用比率、农户家庭人口数、户主年龄、户主文化水平、农户家庭主要收入来源、户主环境关注度、农产有机肥施用情况以及农业技术培训水平等农户经营行为有关。结果表明，这些所列因素皆会从一定程度上影响农业面源污染的产生。同预期方向一致，其中，农产品自用比率以及农户技术培训水平对化肥的施用量有着显著的正影响，除了这两者外，其他因素对于农户化肥量均有着显著的负影响。

汪厚安等（2009）将湖北省7县共700户农户作为一个样本，以从农户经营行为探究其与农业面源污染间的关系，并探寻从农户层面有效控制农业面源污染的途径。研究结果表明，与化肥、秸秆污染呈现出正相关关系的有劳动力文化素质、期末拥有生产性农业固定资产原值以及粮食、肉猪商品化率，而粮经作物种植比例则与污染呈负相关关系；与畜禽粪尿污染呈正相关关系的是肉猪商品化率，农户家庭经营耕地面积、期末拥有生产性农业固定资产原值和农业专业培训水平则与之呈负相关关系；农用薄膜污染则同非农劳动力就业占比、粮经作物种植面积占比、耕地占地面积比例以及农业专业培训水平均呈现出负相关关系。根据研究所得结论，汪厚安等就污染的解决提出了一些针对性的建议。

（四）农业面源污染防治政策研究

由于经济手段具有手段多样，形式灵活，选择性和自由度大等特点，所以各国都青睐于在农业面源污染防治过程中采用经济措施和政策，并且取得了很好的效果。环境税费，环境补贴、补偿以及排污权交易等经济激励手段均能有效地控制农业面源污染。

我国已有不少学者对适用于农业面源污染的经济手段及其可行性进行了研究。玲等（2013）通过对我国农业面源污染的来源、特点等进行分析，提出适合我国当前国情的经济学手段有排污许可权交易、绿色信贷、农业清洁生产补贴等。李一花等（2009）提出现行农业政策不利于控制农业面源污染，应加强政府财政职能，实施财政补贴为主，税收为辅的经济措施。王晓燕等（2008）从理论上提出了基于限制和约束功能的农业面源污染防治税费政策，并对征收对象、思路以及各经济政策的功能和适用情况进行了分析；王晓燕等还对控制农业面源污染的补贴政策进行了研究，对补贴对象、资金来源和补贴额度等方面进行了探讨，并以北京密云地区为例对补贴数额进行了估算。李志勇等（2012）深入探讨了在农业面源污染控制系统中引入排污权交易体系的可能性，并结合排污权交易的特点给出了相应的解决对策。支海宇（2007）提出使用排污权交易制度来控制面源污染，可以节约治污成本，加快农民技术革新，减少农用化学品的使用。

另外，也有不少学者尝试研究和建立控制农业面源污染的经济政策体系研究。曹利平在分析我国农业面源污染现状和原因的基础上，构建了适合我国农业面源污染的完善的经济政策体系，体系涉及目标、原则、标准和制定方法等各方面，包括税费政策、补贴和补偿等优惠政策、排污交易制度等，针对完全信息和不完全信息两种情况进行了详细的探讨和阐述，并以北京密云地区为例进行了可行性分析。李正升（2011）针对农业面源污染分散、排污不确定和不可监测、监督成本高等特性提出了农业面源污染控制的一体化经济政策体系，针对每个特征缺陷都提出了相应的解决方法，但该体系只是一个大致的框架，并没有具体的实施方案和可行性分析。李慧（2011）认为我国在农业面源污染的控制上存在很大的经济激励空间，初步提出建立经济激励机制及服务体系解决农业面源污染问题，加强对正外部性行为的补贴和具有负外部性行为的征税。

然而，我国关于农业面源污染经济手段和政策的研究大多只停留在理论阶段，在实践应用上还存在很大的不足。长期以来，从环境的公共物品特性出发，我国一直使用命令—控制这种环境管理体系，依靠政府行政体系直接对污染者干预，不进行市场介入。但是命令—控制的模式不适合于面源污染控制，因为我国面源污染的特点是分布区域广，排放的地理边界和空间位置分散，不易识别，采用传统的管理模式的管理成本过高，所以对于面源污染的防治还是需要引入经济手段。已有的理论研究，加上发达国家环境经济手段和市场激励方式的借鉴，都为我国建立农业面源污染控制的经济政策体系提供了一定的基础。

（五）环境损害经济评估

相比发达国家来说，我国环境损害评估的研究起步较晚。从 20 世纪 90 年代开始，我国环境污染和生态破坏经济损失的计算才得到一些政府部门的重视。从广义层面上看，环境损害是任何对生态环境系统平衡造成的扰动而导致可被社会感知和量化的损害，既包括对生态环境系统和人类社会发展的损害，又包括可以明确量化的生态环境、社会经济和人群健康损害（张红振等，2016）。从狭义层面上看，环境损害是一种生态环境的损害，追求污染行为对资源环境本身损失的量化，关注的是对环境污染防范、责任追究和损失求偿的诉求（於方等，2013）。

在法律层面，我国仍然处在环境公益损害和求偿过渡的初级阶段，环境私益损害的评估与赔偿没有被过多地关注，有关部门也还没有对环境损害的内涵有充分的认识。有多种表述方式正在被使用，如“环境污染和其他公害”“环境侵权”“环境权益”等，但没有一个统一的表述形式。法律法规如《民法通则》《农业环境污染事故损失评价技术准则（NY/T 1263—2007）》《渔业污染事故经济损失计算方法（GB/T 21678—2008）》等基本都关注传统损害，主要关注的也是属于财产损害范畴的损害内容。只有 2004 年的《海洋环境保护法》明确了海洋生态环境的有关规定，要求造成海洋环境污染的责任者应排除危害并赔偿损失。另外，2000 年的《渔业污染事故调查鉴定资格管理办法》（农渔发〔2000〕7 号）和 2008 年的《渔业污染事故经济损失计算方法》（GB/T 21678—2008）明确了对水域污染渔业养殖和天然鱼类损害进行评估的具体技术。2007 年，《农业环境污染事故损失评价技术准则》（NY/T 1263—2007），原则化了农业环境污染事故损害评估，但是在具体实施层面，评估范围、评估主体和工作程序等还缺乏配套的规定。环境保护部2011年发布了《关于开展环境污染损害鉴定评估工作的若干意见》(环发〔2011〕6号)和《环境污染损害数额计算推荐方法》，着手开始进行环境损害评估工作。2015年开始施行的新《环境保护法》也对环境损害做出了原则性的规定，但缺乏政府机关作为公共环境利益索赔权人的规定，且在采用非诉讼方式解决生态环境损害救济问题方面存在不足（王金南等，2016）。

总体来看，中国的环境损害评估制度体系还存在不足，在法律法规、工作机制等方面较为突出。中国还没有立法对生态环境污染责任的有关准则有明确规定，可操作的实体法和程序法都较为缺乏。环境公益损害的权责较为分散，目前仅在海洋环境污染上，涉及生态环境损害在法律基础和技术导则。但在其他方面都面临着操作性不强，工作机制不明确等问题。

而在环境损害评估方法方面，自环境损害评估概念被提出以来，各种类型的评估方法就被不断尝试运用到损害评估中，包括直接市场法、揭示偏好法、陈述偏好法、效益转移法、等值分析法等，其中，前四种方法又被称为传统的环境价值评估法。传统的环境评估法的表征主要是货币，而等值分析法的表征是恢复成本。

根据人们对物品或服务的偏好，支付意愿的计量途径的差异来区分，价值评估方法可以分为直接市场法、揭示偏好法、陈述偏好法三种。直接市场法计量环境质量的变化，主要根据直接受到影响的物品或是服务的相关市场信息。揭示偏好法主要根据与环境质量有密切联系的物品的价格，得出评估结果，是一种间接地计量人们对环境质量变化的经济价值的方法。陈述偏好法又称意愿调查法，主要对没有市场交易的环境服务进行损害评估，又进一步可以分为条件估值法和联合分析法。不同环境价值评估方法的误差都不相同，总的来说，直接市场法产生的误差和误差争议较小，揭示偏好法的相对较大，而陈述偏好法争议最大。效益转移法基于已有的环境经济信息，利用一定的转移手段，来对新的类似环境产品及服务进行评估。与前三种方法相比，效益转移法的最大优点在于能够克服时间、成本及研究环境的限制，但是由于中国在这方面的研究起步较晚，影响了效益转移法的具体应用。等值分析法通过真实或虚拟生态补偿活动提供额外的类质服务的大小，依据环境服务水平的动态性特征，来模拟计算所发生的实际损害的大小。等值分析法在欧美地区较为常见，在我国现有的实证研究案例主要在溢油事故、湿地围垦等领域（赵卉卉，2015）。

环境损害评估方法可以认为是环境损害评估的工具，正确的方法选择能够提高评估结果的准确性。由于我国环境损害评估工作开展较晚，对评估方法的研究主要还是落脚于理论研究和学术探讨，实证研究不够充足，没有很强的实践指导作用。为应对我国环境污染带来的损害严峻形势，环保部先后于 2011 年和 2014 年发布了《环境损害鉴定评估推荐方法（第Ⅰ版）》和《环境损害鉴定评估推荐方法（第Ⅱ版）》，并于 2016 年印发《生态环境损害鉴定评估技术指南总纲》和《生态环境损害鉴定评估技术指南调查损害》，制定了环境损害鉴定评估的标准，弥补了因相关规范缺失所带来的环境司法审判难和赔偿不到位的问题，但在生态环境损害评估范围的界定、评估方法、监督机制等方面仍严重缺失（吴钢等，2016）。在环境污染生态环境损害评估方面，学界最初更多的是结合实际工程应用在海洋生态保护方向开展，2005 年国家海洋局启动了“海洋生态系统服务功能及其价值评估”研究计划并编写了相关行业标准，此后业界先后建立了我国海湾生态系统服务功能分类体系，初步完成了海洋生态系统服务功能和价值的研究报告。后来又有学者运用虚拟治理成本的方法对某减水剂泄漏事件进行了生态环境损害量化评估（蔡锋等，2015）。在环境污染社会经济损害评估方面，学界在海洋水产领域也开展了部分研究，但更多的是集中在事故的财产损失赔偿领域，《防止船舶污染海域管理条例》《海商法》《水域污染事故渔业损失计算方法规定》等共同构建了中国的海洋污染损害赔偿制度，但这些规定多为原则性的。关于损害赔偿范围，主要是《水域污染事故渔业损失计算方法规定》关于渔业损失的规定，包括直接经济损失和天然渔业资源损失（於方等，2013）。在环境污染健康损害评估方面，学界最早的是在流行病学研究基础上，定量描述环境污染对人群健康的影响及其经济损失（张兆华，1995）。后来，通过文献资料分析优选法，提出了环境污染健康损害评价指标体系，并依照健康的定义将健康损害评价分为生理评价和心理评价两部分，暴露指标、效应指标和易感性指标三大类，完善了环境污染事件健康损害的指标体系（夏彬等，2011）。

三　相关研究评述

国外关于农业面源污染的研究包含农业面源污染迁移和转化机制、污染现状调查、污染负荷估算、排污模型建立、环境影响评价、污染防治措施等各方面，但鲜有涉及环境损害经济评估。国外发达国家对环境污染损害的认识也是逐渐深入的，引入环境本身损害，不再只依靠民法手段解决所有的损害问题，开始研究针对环境本身损害的法律法规。但已有的研究并没有对农业面源污染和环境损害经济评估的关系有明确的认证，难以形成有关本书主题的明晰思路。关于农业面源污染评价指标、评价体系、定量化评价方法并没有统一，各国由于在发展过程中面临的主要环境问题和应对措施不同，环境损害评估也存在很大的差异性，尤其在环境损害的范畴界定和应对措施上。

从国内现有文献的研究内容来看，国内农业面源污染研究主要集中在污染现状调查和污染治理两方面，涉及的污染物主要是氮、磷、农药持久性有机污染物、重金属等。然而，随着人们对面源污染有了更深的认识，对环境保护的迫切需求，如何管理和控制污染、如何分析污染的驱动因子与影响因素、如何评估污染对环境的影响等几个方面的问题迫切需要解决。另外，在环境损害经济评估方面，国内还存在很大的不足。不仅对环境损害内涵的认识模糊不清，相关的立法也是不完善的，已有的法律多是只对原则上定义了环境损害，缺乏对环境损害鉴定评估的依据、标准、程序和管理以及赔偿资金来源等方面的可操作性的规定，这一现象导致的后果就是环境损害评价的实践无法开展。现有的农业面源污染防治措施和手段虽然取得了一定成效，但如果能将环境损害经济评估应用到农业面源污染中，必然能促进利用经济手段深化农村环境管理。

综上所述，首先，国内外学者对于农业面源污染的形成、量化模型建立、污染防治措施等各方面均开展了较为丰富的研究，但综合量化其带来的生态环境、社会经济和人群健康损失方面的研究较少。其次，我国的环境损害评估虽然在政策法规和评估技术等方面有了长足的发展，但针对农业面源污染的环境损害特征、评估方法、分类防控等方面的研究仍待深入。最后，“难以量化”一直是农业面源污染研究领域的重点和难点，国内外研究基于环境损害视角，针对农业面源污染问题造成的生态、经济和健康三个方面危害问题，及其带来的生态环境、社会经济和环境健康损害实物量和价值量等量化研究鲜有涉及。因此，梳理出一套完善的农业面源污染的环境损害经济评估体系是一项十分有意义的工作，不仅能提升环境污染损害经济评估的效能，促进利用经济手段深化农村环境管理，还能为相关损害经济评估提供一定的理论依据和技术保障，从技术角度改善我国农村地区长期存在的面源污染“难告状、难受理、难审批、难执行”的现状。

农业面源污染研究至今，在迁移和转化机制、污染现状调查、污染负荷估算、排污模型建立、环境影响评价、污染防治措施等各方面的研究都取得了一定成果。综观国内外研究进展，实行农业面源污染环境损害经济评估将是未来农业面源污染研究的新的发展方向，其研究主要呈现以下三点发展趋势。

一是构建完善的农业面源污染环境损害经济评估指标体系。构建农业面源污染的环境损害经济评估指标体系，提出指标体系的构建原则，阐述构建目标、假设、逻辑框架等构建思路，确定指标体系的类别并进行筛选，从农业面源污染的污染源评价、迁移转化评价、农业直接经济损失评价和环境损害评价四个方面建立指标体系。完善的体系在实际运用中不仅能为专业的环境污染损害经济评估提供坚实的技术支撑，也大大地提升了损害经济评估的效率和准确性。

二是确立正确统一的农业面源污染的环境损害经济评估方法。确立评估方法是开展评估工作的基础，正确的方法选择能够提高评估结果的准确性和精确度。要在明确农业面源污染环境损害经济评估的内涵，明晰环境损害经济评估流程的基础上，研究环境损害经济评估的调查和因果关系判定等关键技术环节，最终确立经济评估的原则、框架、农业直接经济损失和环境损害方法。

将农业面源污染的环境损害经济评估与计算机信息技术相结合，基于确立的经济评估指标和方法，利用计算机技术，构建快速评估农业面源污染造成的直接经济损失和环境损害的计算机模型，有效提高评估效率。

第三节　研究方法与技术路线

一　研究方法

（一）文献研究与现状分析相结合

本书以已有的农业面源污染和环境损害评估的相关理论研究和实践探索为基础，利用图书馆电子资源中的知网、万方和 Web of Science 等学术资源，在查阅大量国内外研究动态和文献基础上，研究和整理相关资料，拓展研究视野并跟踪最新理论动态。在实地调研基础上，获得大量现场资料，并开展整理和分析。本书还利用参加国际学术会议的机会，多次征求本领域有关专家和学者意见，为研究的顺利开展打下坚实的基础。

（二）实地调研与实验分析相结合

农业面源污染的环境损害经济评估过程中，研究数据是最宝贵和最核心的资料，通常研究数据的科学客观与否直接关系到评估结果的正确和合理性。为了提高本书数据的质量，必须按照有关学科领域的要求，采取规范的操作流程来收集和整理数据。因此，本书的一手数据采集分为实地调研和实验分析两个阶段，前者通过实地走访、调查和布点监测，并严格遵照相关的样品采集流程和规定收集样品，后者在实验室实验分析阶段严格按照相关的国标测定办法和步骤开展，并运用地质统计方法和统计数据分析提高数据的有效性和科学性。

（三）定性分析与定量分析相结合

可以通过定性分析界定农业面源污染的环境损害问题，并据此构建本书的逻辑框架，本书运用的定性分析包括：通过收集和梳理相关文献，对农业面源污染现状和危害的分析、环境损害经济评估的方法和指标体系的构建等。定量分析则是利用统计学的相关方法和软件来对获得的数据和信息进行加工和处理，本书运用的定量分析包括：在评价农业面源污染的环境损害经济评估指标体系时，采用了模糊综合评价法评价该指标体系的效能，然后在评估方法和指标体系的基础上，对洪湖农业面源污染的环境损害经济评估开展了实证研究，并分别对该流域农业面源污染造成的环境自身、直接经济和环境健康的三个方面损失进行了定量评估，有效地实现了定性与定量的相互结合。

二　技术路线

根据上述研究方法，本书在前期研究的基础上，遵循以下技术路线展开，如图 1－1 所示。

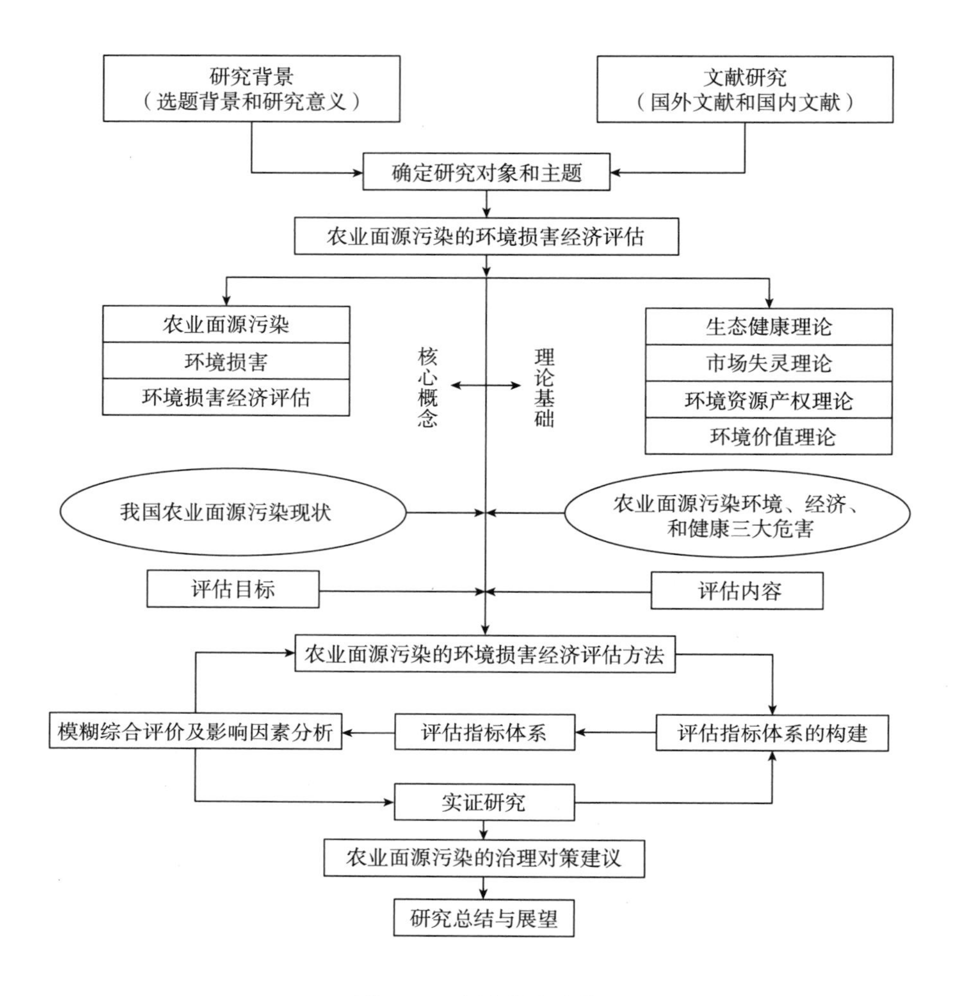

图1－1　研究技术路线

第四节　研究内容与创新点

一　研究的主要内容

目前，我国农业面源污染问题形势严峻，存在一定的环境、经济和健康风险和危害。从污染源的数量上来看，我国农业面源污染源数量已达2899638个，占全国污染源总数的48.93%。从污染的程度上来看，农业面源污染的年均总氮流失量平均高达 270.46 万吨，年均总磷流失量高达 28.47 万吨，年均化学需氧量为 1324.09 万吨。从污染的危害程度上来看，生态环境方面，农业面源污染关键污染因子为农药化肥中持久性有机物、非持久性有机物和重金属，会对土壤带来不可逆转的污染，会使水体的生态系统服务功能下降，会使大气的温室效应和雾霾加重；经济损失方面，农业面源污染还没有一个系统性的估算和统计数据，但其每年对种植业、畜牧业、养殖业和水产业均造成巨大的经济损失；环境健康方面，农业面源污染产生的上述关键污染因子会通过土壤、水体、大气和食物等途径对人体健康产生风险和危害，进而造成经济损失。因此，开展农业面源污染的环境损害经济评估势在必行。

本书通过查阅大量文献，在借鉴国内外环境损害评估研究经典模型的基础上，以农业面源污染的环境损害经济评估为主题，以生态系统健康理论、市场失灵理论、环境资源产权理论和环境价值理论为基础，分析我国农业面源污染面临的现状和可能存在的危害，构建出一套相对科学的农业面源污染环境损害经济评估方法，筛选出一套相对合理的经济评估指标体系，并运用模糊综合评价法验证评估体系的科学性和有效性等，结合江汉平原洪湖流域的农业面源污染特征开展实证研究，充分应用构建的评估方法和指标体系对该地区农业面源污染环境损害情况，开展了经济评估，核算了环境自身、直接经济和环境健康损失，基于“压力—状态—响应”的逻辑分析框架提出农业面源污染治理对策建议。本书主要由四大部分内容组成：

第一部分为导论，主要介绍本书的选题背景，并阐明本书的理论意义和现实意义；同时对国内外与本书相关的研究动态进行综述，并对相关研究开展研究述评；进而提出研究的技术路线和研究方法；最后介绍本书的框架和可能的创新点。

第二部分为基础部分，主要包括第二章和第三章。第二章是对与本书相关的理论基础和实践研究的分析总结，分析了我国环境损害经济评估的概况和类型，以及对农业面源污染环境损害经济进行评估的必要性。第三章对我国农业面源污染现状特征和引发的途径、原因进行了深入分析，并进一步剖析农业面源污染对生态环境、经济和健康三个方面带来的危害。总体上看，该部分内容既是本书研究的逻辑起点，又是其研究的理论起点。

第三部分为核心部分，包括第四章、第五章、第六章、第七章的内容。其中，第四章按照农业面源污染引起的环境自身损害大小、物理程度的确认和环境自身损害的物理量货币化三个步骤，构建农业面源污染环境自身损害的恢复方案式评估方法和传统经济评估方法，并对两类方法中的具体评估方法进行比较和归纳；按照农业面源污染负荷评估和污染直接经济损失评估两个步骤，结合农田土壤侵蚀经济损失评估、畜禽养殖经济损失评估、水产养殖经济损失评估和农村生活污染经济损失评估四个方面，以 Johnes 输出系数法和环境价值评估法为基础，构建农业面源污染直接经济损失评估方法；按照环境健康风险评估和污染健康损害经济评估两个步骤，结合风险危害的识别、剂量—反应评估、暴露评价和风险表征等评估步骤，以环境健康风险评估模型和人力资本法为基础构建农业面源污染环境健康损害的经济评估方法。第五章为农业面源污染的环境损害经济评估指标体系的构建，根据指标体系构建的六大原则和三点依据，在指标体系构建的四个目标统领下，结合农业面源污染的环境损害经济评估方法和相关计算模型，按照“指标框架—指标类别—指标集—指标项”的逻辑思路，分别对农业面源污染环境自身损害的经济评估指标、农业面源污染直接经济损失评估指标和农业面源污染环境健康损害的经济评估指标进行了筛选和归纳。第六章采用模糊综合评价法（F - AHP）从评估体系应具有的六个方面的特性进行了整体评价，并对农业面源污染环境损害经济评估三个方面：环境自身损害经济评估、污染直接经济损失评估和污染健康损害经济评估的影响因素进行了分析。第七章以江汉平原洪湖为例开展了农业面源污染环境损害经济评估的实证研究。运用前文构建的方法和指标体系开展研究，2015 年洪湖农业面源污染环境自身损害经济损失、污染直接经济损失和污染健康损害经济损失三个方面进行了评估。结果显示，2015 年洪湖流域农业面源污染环境自身损害的经济损失为 75000 万元，面源污染的直接经济损失为 19163.65 万元。因农业面源污染环境损害的致癌风险和非致癌风险均在可接受水平，因此其对洪湖流域未造成明显健康损害经济损失。

第四部分为总结部分，主要包括第八章和第九章两部分内容。一方面，根据洪湖流域农业面源污染相关实证结果深入分析，并应用经典的“压力—状态—响应”模型对农业面源污染治理提出对策建议。另一方面，对全书进行了全方位的总结，既回顾本书整体研究过程，又总结分析研究结论并提出研究展望。

二　可能的创新点

本书在充分吸收和借鉴国内外关于农业面源污染和环境损害经济评估方面的理论与实践应用的基础上，对农业面源污染的环境损害经济评估方法、指标及其相关问题进行了有益探索，可能的创新点包括：

第一，研究视角方面。本书在充分梳理国内外文献的基础上发现，当前国内外对于农业面源污染的形成、量化模型建立、污染防治措施等各方面均开展了较为丰富的研究，但综合量化其带来的生态环境、社会经济和人群健康损失方面涉及较少。另外，环境损害评估本身是一个环境、经济、法律、医学等学科交叉的新兴研究领域，研究热点集中在点源污染的损害评估上，而面源污染更是未曾涉及。因此，对农业面源污染开展环境损害经济评估，其在研究视角上具有一定的挑战性、原创性和创新性。

第二，研究理论方面。在国内外的研究中，涉及农业面源污染研究的理论更多的是在市场失灵理论、环境资源产权理论和环境价值理论三个方面，而本书以生态系统健康理论为基础，从环境、经济和健康三个角度阐明和评估农业面源污染造成的经济损失，并依此而提出相应的治理对策，这一全新的角度是对生态系统健康理论的有益补充和拓展。

第三，研究方法方面。一是经济学方法与环境科学方法等多学科融合。本书开展的农业面源污染环境损害经济评估，其中涉及许多传统的经济学模型和方法，例如，环境价值评估法中的市场价格法、人力资本法等，但是许多具体的经济评估方法指标，例如，地表水中重金属的浓度，流域总氮、总磷和化学需氧量等水质指标，均运用了环境科学的方法进行实地布点和采样，并运用了实验室分光光度法、原子荧光法等实验方法进行测定，其数据的可靠性和准确性较之以往的研究具有明显优势。二是地理信息系统 GIS 方法与环境损害评估方法相结合的创新。本书在构建全新的农业面源污染环境损害经济评估方法和指标的基础上，创新性地将 GIS 研究法引入环境健康损害经济评估，得到重金属含量和区域健康风险的空间分布图，有利于更加直观地对相关数据的空间分布特征和变异情况进行具体分析，更加科学合理地将该数据作为环境健康损害经济评估健康风险评估阶段的重要依据。

第二章

核心概念与理论基础

第一节　核心概念界定

要开展农业面源污染的环境损害经济评估，首先，应梳理和界定其评估主体以及环境污染损害和环境污染损害经济评估等核心概念；其次，要了解农业面源污染的环境损害经济评估相关理论基础以及该理论在本书研究中的指导作用。本书以在农业生产生活中广泛存在的面源污染造成的环境损害为目标导向，以生态系统健康理论、环境价值理论、市场失灵理论和农业面源污染经济影响因素理论为依托，借鉴国内外农业面源污染和环境损害评估相关研究成果来构建经济评估的方法和指标体系，并开展相关实证研究，为科学合理地提出农业面源污染的治理对策建议打下基础。因此，核心概念的界定和理论基础的阐述是本书的起点。

一　农业面源污染

（一）农业面源污染概念

面源污染这一概念是相对于点源污染提出的，按照美国联邦水污染控制法中的相关界定，凡是以一种不连续的模式分散地向大自然排放污染物，同时该污染物的治理又不能用常规的模式和方法处理而改善，称为散在的非点源污染。而点源污染污水的排放主要是通过管网直接进入水体，因此凡是排污点集中、排污途径明确的污染，称为明确的点源污染。

农业面源污染（Non – point Source Agricultural Pollution）是指在农业生产活动中，农田中的泥沙、营养盐、农药及其他污染物（主要来源于农田施肥、农药、畜禽及水产养殖和农村居民），在降水或灌溉过程中，通过农田地表径流、壤中流、农田排水和地下渗漏，进入水体而形成面源污染。其主要包括两大引起污染的因素，一是农业生产活动中的氮素和磷素等营养物、农药以及其他有机或无机污染物通过农田地表径流，二是农田渗漏形成地表和地下水环境污染和土壤中未被作物吸收或土壤固定的氮和磷通过人为和自然途径进入水体（郑涛，2005）。农业面源污染也被称为最为重要且分布最为广泛的面源污染。

（二）农业面源污染特征

农业面源污染明显区别于点源污染，其具有以下三点特征：

一是随机性和不确定性。农业面源污染具有随机性，其体现在面源污染源不像点源污染源那么固定，很多关键污染因子，如持久性污染物、非持久性污染物和重金属，是随着种植、畜禽养殖、水产养殖、农村生活等农业生产生活的农药、化肥和饲料的广泛使用而随机产生的。农业面源污染具有不确定性，其体现在农业生产生活中的关键污染因子进入水体的污染量与地表径流、降雨大小和密度、当地温度和湿度、地域土地类型等自然条件有关。

二是分散性和隐蔽性。农业面源污染分散性与点源污染的集中性正好相对，它是通过地表径流随降雨而污染土壤和水体，其天然具有分散性和隐蔽性，而点源污染主要通过管网进入水体，天然具有集中性和明显性。

三是难监测性和空间异质性。面源污染的不易监测性主要体现在该污染产生后，不像点源污染可以监测单一点的污染状态，而是往往涉及多个污染者和污染农业具体行业，同时面源污染可以因为土地利用状况、水文特征、地形地貌、气候和天气等的不同而对关键污染因子的迁移转化产生很大影响，因此其天然就具有难监测性。空间异质性是指农业面源污染同样的污染行为和关键污染因子在不同的位置会产生不同的污染结果，因为这些关键污染因子在种植业、畜禽养殖业、水产养殖业和农村生活污染中的产污系数是不一样的，因此同一污染行为在不同的土地、地形或水文条件下，其污染产生的影响又是不一样的，具有空间异质性。

总而言之，农业面源污染具有发生时间的随机性和不确定性，发生方式的分散性和不确定性，产生污染后果的难监测性和空间异质性。

二 环境损害

（一）环境损害概念与内涵

环境损害可以理解为“对环境的损害”，指人类生产生活中的污染对环境所造成的不利影响。实质上体现的是人类生产生活主体相对环境作用的客体及其与环境的密切关系。此外，“对环境的损害”还含有对人的损害，因为人无时无刻不处于所在的环境中，环境的损害未必仅表现为环境公共利益的损失，还可以表现为环境作用于人的健康损害。环境损害的进一步解释是“经由环境的损害”是指由于环境问题而带给人类的损害。

从环境损害的法律意义上来看，环境损害在环境法中的定义包括了对环境的损害和对人的损害，这两种损害往往会相互联系，并作为同一行为的不同后果而存在。对人的损害是现行侵权行为法所明确规定的，包括财产、人身和精神的损害三个方面，并且财产或者人身受到损害的人具有得到赔偿的权利。但是对环境的损害包括环境污染、生态破坏在内的公共环境利益损害，所以其赔偿权利人的确定也需要考虑损害后果的公共性。由于环境本身固有的公共属性，公共权益需要被保障，并且公共机关需要介入来维持、管理，因此对环境的损害实质上就是对公共利益的侵犯，公共利益的代表者就是赔偿权利人，如政府或者一定范围内的公众集体。因此，环境污染损害的是环境、财产和人身三个方面的权益。

首先，从环境损害的内涵上看，人类活动所造成的环境污染和生态破坏才能称为环境损害，而自然本身的运动所造成的自然灾害等不应该归入其范畴。而人类活动与自然活动本身具有联系，因此无限制地追究最终原因是没有意义的，应该以科学上可辨明为标准。其次，环境损害的产生需要通过环境媒介。污染会通过环境媒介来对生活于环境中的人的健康造成损害，并对生产造成危害。再者，环境损害是对他人权益和公共权益的损害。环境损害将整体性地降低人类的生产生活质量，导致可获取资源的减少，生产条件的恶化等一系列问题。同时，一些其他的连带产生的影响也会出现，人的健康受损、财产直接或间接的受损等都会侵犯人的权益。最后，环境损害作为客观事实而存在，会引起一定的法律后果。对环境质量的改变是一个连续的过程，需要客观可以测定的标准将环境质量的下降，将因环境质量下降而导致的人身和财产损害认定为环境损害，并将其构成法律事实，通过损害的填补和责任的追究来产生法律后果。

因此，对于农业面源污染的环境损害，应采纳环境法中的环境损害的概念进行理解：由于人类在农业生产和生活中对环境造成了污染以及对生态进行了破坏，农业面源污染中的持久性有机物、非持久性有机物和重金属等关键污染因子导致了环境损害，导致环境质量下降，使范围内的公共利益受到影响，并造成环境自身、经济财产和人体健康三个方面的损害。

（二）环境损害的特征

前文对环境损害概念的分析，其特征至少应包括以下几点：

第一，损害后果的社会性。环境损害的对象是地域内的多数人，甚至包括后代人，环境自身、经济财产和人体健康，将会对整个社会的公共利益产生影响，因此影响涉及的人数多、范围广等特点就体现了环境损害具有很强的社会性，这是由污染物质的扩散性和环境的公共物品属性决定的。

第二，原因行为的价值性。环境污染在损害他人权益的同时，自身也会具有正当性和社会有用性。除了违法的排污行为之外，一般的排污行为是必要的经济活动和生产所必需的，也是符合人们的价值判断的。因此，环境污染不能够一概禁止，明确损失的承担方才是合理的，从而保证社会成员共享社会发展的成果，维护社会的公平。社会应当提供公共赔偿，更多地承担环境损害的补偿责任。

第三，损害过程的复杂性。环境损害的复杂性体现在四个方面。一是污染通过对自然环境的影响从而对他人的权益间接造成损害，称为间接性；二是继续性和累积性，即污染物逐步累积、长期作用甚至相互叠加和反应，过程也较为缓慢；三是不确定性，环境损害与污染之间具有不确定的因果关系，污染造成的损害后果也不确定；四是多重性。环境损害由多个因素共同作用，包括污染与其他因素，污染之间的相互作用，损害后果的表现形式也较为多样化，比如环境自身、生产生活等方面。

（三）农业面源污染的环境损害

农业面源污染具有分散性和广泛性，其环境损害也是多方面的，主要包括生态环境损害、社会经济损害和人群健康损害。

第一，生态环境损害。农业面源污染的生态环境损害即环境自身损害，主要包括水体污染和土壤污染，还有一定程度的大气污染。为提高农业产量，农药、化肥被过度或不适当施用，农膜广泛覆盖却没有合理回收，养殖业没有配套的排污处理设施，秸秆就地焚烧等。这些不恰当的行为都会造成土壤、水体和大气污染。

第二，社会经济损害。农业面源污染的社会经济损害主要包括由污染引起的生产成本的增加以及造成的环境价值污染、灾害损失。如由于环境污染导致工业、农业、养殖业及其他行业产量降低或品质下降所造成的经济损失等。农业面源污染具有分散性和广泛性，因此每年都会造成巨大的、不可估量的经济损失。

第三，人群健康损害。农业面源污染的人群健康损害主要来自两方面，一方面是由于农业面源污染引发的有毒有害气体和病原微生物直接与人体接触危害健康；另一方面是通过污染水体，危及饮用水安全，污染土壤，危及粮食与蔬菜安全等食物链途径危害人体健康。

三　环境损害经济评估

（一）环境经济评估的概念

经济评估即项目国民经济效益评估，是指根据国民经济长远发展目标和社会需要，采用费用与效益分析的方法，运用影子价格、影子汇率、影子工资和社会折现率等经济参数，计算分析项目需要国民经济为其付出的代价和它对国民经济的贡献，评估项目投资行为在宏观经济上的合理性。它能在宏观经济层次上合理配置国家有限资源，真实反映项目对国民经济净贡献，从而使相关投资决策科学化。

对于农业面源污染的环境损害经济评估，就是依据生态文明建设目标和可持续发展的需要，采用 Johnes 输出系数法、环境价值评估法和环境健康风险评估法等方法，运用多种经济学参数，计算因农业面源污染而导致的环境、经济和健康三个方面的代价损失，为我国农业面源污染环境损害经济评估的顺利进行和治理政策的制定提供理论和经验参考。

（二）环境损害经济评估的类型

环境损害经济评估的类型包括以下三个方面：

1. 环境自身损害的经济评估

由于生态环境系统是一个复杂的、动态的、变化的且相互协调和紧密联系的有机整体，从其对人类社会的功能性角度来看，除了能提供环境产品和服务外，环境资源若进入社会经济系统，还应产生相应的经济效益，如工业、工商服务业等能从以生态环境为介质资源的开发中获得经济效益。生态环境的污染因而对这些活动也会产生相应的影响，造成原本可以获取的经济效益因污染而中断或者无法获得。因此，与一般的传统损害赔偿不同，环境自身损害的经济评估是以恢复环境功能服务为目的。对于农业面源污染环境自身损害的经济评估内容，应从实际角度出发，综合界定与分析。根据农业面源污染的定义，其造成农田中的土粒、氮素、磷素、农药重金属、农村禽畜粪便与生活垃圾等有机或无机物质都应该进行综合的界定与分析。

2. 财产损害的经济评估

从污染造成的社会经济损害角度来看，其财产损害导致的损失可分为直接经济损失和间接经济损失。前者是指由于污染的行为遭受的经济效益直接减少的损失，是经济本身的灭失或损毁。后者是指由于直接经济损失带来的影响造成的可得利益的丧失，是一种因污染而带来的效益减少、资源破坏和与之关联的其他经济损失。对于农业面源污染对财产造成的损失评估，应在充分分析其污染源、污染物迁移路径、污染对象和污染造成的后果基础上开展，其污染损失的经济评估不应包括不动产损害和易耗品损害等方面，故农业面源污染对财产损害的经济评估内容应包括：农田土壤侵蚀经济损失评估、畜禽养殖经济损失评估、水产养殖经济损失评估和农村生活污染经济损失评估。

3. 健康损害的经济评估

由污染而导致的人体健康损害，是基于个体接触污染物的程度和人群健康效应之间存在的暴露—反应关系发展而来的。一种污染或一次污染事件的发生，会导致污染区域居民的发病、伤残甚至死亡，与之伴随带来误工和预期寿命减少等损失。对于农业面源污染造成的健康损害经济评估，可采取环境健康风险评估方法，并在分析其污染源、污染物迁移路径、污染对象和污染造成的后果基础上，进一步利用经济学方法对农业面源污染造成的健康损害大小进行评估。

第二节　理论基础

一　生态系统健康理论

生态健康，即“人类健康的生态系统途径”，最早由美国著名的环境经济学家吉恩·勒贝尔（Jean Lebel）提出。生态环境健康理论，是以人为核心，以考虑生态系统的管理为切入点，力求使人类健康和生活安康的平衡达到最优，而不是单纯地对环境的保护。生态健康（Ecohealth approach）是一个协调生态系统的健康与其居民的健康的一个崭新的研究领域，它超越了传统“就病治病”的医学模式，通过把人类的健康与环境生态系统联系起来，共同解决两者的问题。因此，生态健康的方法是跨学科的方法，它需要自然、社会和健康科学等多学科和社会多方力量的通力合作。此外，以人为中心是生态健康的方法核心，其最终目的是促进人类健康水平的提高，主要通过改善生态环境的方法，将生态和环境问题关联起来，共同解决。

人类对于环境的认识经历了两个阶段：第一个阶段是人类认识到环境资源的过度使用与资源的日渐稀缺和枯竭直接制约了当前经济的发展，并威胁着子孙后代利用资源的需求和权利；第二个阶段是随着环境问题的进一步恶化，生态环境已经不仅仅影响着当前的经济发展和威胁着子孙后代的需求，更重要的是已经直接威胁到当前这一代人的生存和健康。这种认识的改变让人们意识到要在加快经济发展的同时，更加重视环境的保护和建设，因为没有一个良好的生态环境，就没有人类的健康和地球的健康，也就不会有社会的发展进步。

农业生产是危害人类和生态系统健康的重要来源之一。图2－1充分显示了居民的生活水平与农业生态系统的状况紧密相连（Ilri，2001），土壤退化、水资源污染短缺等农业生态系统机能的降低会影响农业生产，导致作物减产、产品受污染、易感染疾病等问题，进而影响人类健康和营养，与农药、寄生虫疾病和营养不良相关的问题在发展中国家很常见；人类的生活和生产活动又会造成环境污染、资源短缺等影响农业生态系统，而且对不同农产品的需求波动影响了农民及其家庭健康的生态系统发生了变化。因此，将生态健康方法应用于农业领域至关重要，其目标是在保证农业生态系统可持续生产能力的同时，创造出一种改善农业耕作和人类健康的综合方法。而已有的相关研究也证实了这种应用的可行性。在肯尼亚的姆韦阿（Mwea）地区，通过改变农业耕作，有效地控制了携带疟原虫的蚊子；在墨西哥的瓦哈卡（Oaxaca），由科学家、社会普通群体和政府决策者共同参与的思考最终实现了 DDT 在墨西哥被终止使用。

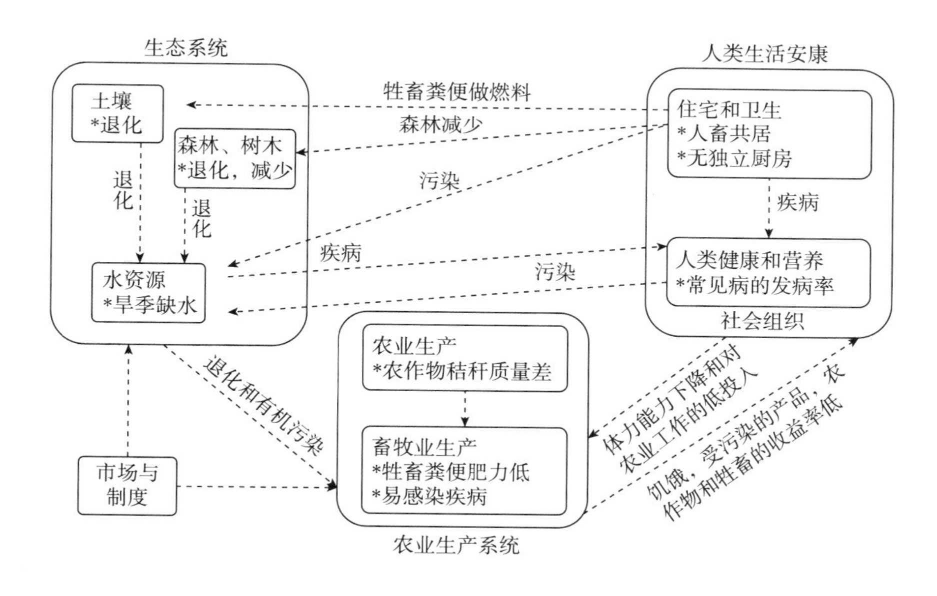

图 2－1　居民的生活水平与农业生态系统的联系（Jean，2004）

农业面源污染现状十分严峻，对经济发展、生态环境和人体健康都造成了严重危害。生态健康作为一个跨学科的、社会广泛参与的方法，在已有理论和实践的基础上，将会有效控制我国农业面源污染。

如图 2－2 所示，传统方法看重的是经济发展和人类活动对环境的破坏，而生态系统方法是把环境管理、经济因素和人类目标看得同等重要，这三者共同影响着生态系统的健康，牵动三者之一都影响生态系统的可持续性（Jean，2004）。因此，农业面源污染控制未来的发展趋势，将会从原来的重点关注财产和人体健康，向人体健康和生态环境并重转变，研究如何通过农业生态环境的改善来促进人类健康水平的提高，进行农业面源污染环境损害经济评估便是其中一种途径。

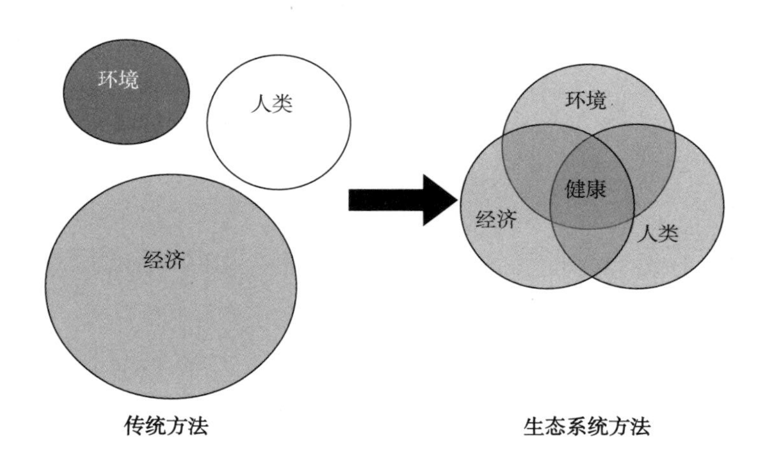

图 2－2　生态系统方法和传统方法的比较（Jean，2004）

二　市场失灵理论

市场失灵（Market Failure）是因为市场机制自身因素而造成的无法实现资源有效配置的现象，是一种基于竞争市场的运作所发生问题的经济理论。古典经济学认为可以利用市场机制这只“看不见的手”使得交易者根据市场提供的价格进行协商，从而实现社会的帕累托最优，即没有任何人的效用受损，资源分配获得最佳效果的状态。但实际上，市场机制可以保证个人边际收益和个人边际成本相等，使个人的效率问题可以得到解决。但是市场中的社会边际收益和社会边际成本在多数情况下是不相等的，无法实现资源的社会有效配置，这就是所谓的“市场失灵”现象。由于谈判成本太高，农业面源污染造成的环境损害的价格不能在市场上找到，导致了农业环境保护较为困难的现状。研究环境损害的量化技术，用经济手段来量化农业面源污染的状况，以期能为管理和控制农业面源污染的环境损害提供参考，推动农业生态环境的改善。

三　环境资源产权理论

环境资源产权理论由西方的产权理论发展而来。西方产权理论强调：产权是与财产有关的、具有排他性的权利，即任何两个主体是不会同时拥有同一事物某种相同的权利，也就是特定的权利主体只有一个；产权是一种用来界定人们行为关系的一种规则和行为权利；产权可以用来分解，该分解的过程也是权利界定的过程，同时交易费用直接与产权界定是否合理清晰相关；产权是可以交易的权利，特定的产权主体是有排他性和唯一性的，而排他性又是产权交易的前提，特定的产权同时又是有边界的和不可估量的，否则就不能在交易的过程中进行有效计量，也不能将特定产权从其他产权中分离出来用于交易。

美国著名经济学家、芝加哥经济学派代表人物之一科斯教授的科斯定理发展了产权理论，将其与环境资源产权结合起来（Coase, 2013）。在其代表作《社会成本问题》一书中指出：产权理论的产生源于社会成本的分析和研究这一经济活动外部性问题，产权分析可以使社会资源达到帕累托最优状态，并解决当前问题，而环境问题表现了经济活动外部经济性。环境问题与产权问题关系密切，反映了个体利益与保护环境的矛盾。环境损害是指任何对生态环境系统平衡造成的扰动而导致可被社会感知和量化的损害（薛利红等, 2019；张克强等, 2019），既包括对生态环境系统和人类社会发展的损害，又包括可以明确量化的生态环境、社会经济和人群健康损害

（於方等，2013；尹昌斌等，2019）。因此，环境资源产权理论的建立和发展为环境资源从产权和经济角度的有效保护指出了一条可以尝试的途径。

四 环境价值理论

要使环境成本内部化与环境管理科学化得以实现，环境价值的确定是其基础。马中（1993）认为环境的有用性、唯一性和环境损害的不可逆性与人类对环境认识的不确定性都对环境价值造成影响。李金昌（1995）认为天然和人类是环境价值产生的两个途径，并且有有形资源价值和无形生态价值之分。环境经济学认为环境总价值主要包括两方面的价值：使用价值和非使用价值。使用价值是指可以满足人们特定需要的环境物；非使用价值是指将来的，可被利用的，或是满足人类精神文化、道德需求的环境价值。农业环境的价值由有用性和稀缺性决定，它的稀缺性和开发条件确定了其价值量的大小，农业环境可以为我们提供生命支持系统、农产品等实物型经济资源、享受和舒适性，也可以吸纳废弃物，从而体现其价值。“难以量化”一直是农业面源污染研究领域的重点和难点，环境价值理论为农业面源污染环境损害的价值量化提供了科学的理论支持。

第三节 理论评述与思考

一 生态系统健康理论对本书的启示

（一）生态系统健康理论在农业面源污染研究中应用的必要性

在中国经济高速发展速度有所放缓的新常态下，环境污染问题已经成为阻碍我国生态文明建设和可持续发展的最大障碍。发展绿色经济、加强环境保护、转变发展模式等已成为我国“十三五”阶段最重要的发展战略。环境保护的根源在于思想上全民树立绿色环保意识，经济上继续加强节能减排、绿色GDP的深入推进。然而，无论是理念还是措施，均是需要以理论为基础。生态环境健康理论，是以人为核心，以考虑生态系统的管理为切入点，力求使人类健康和生活安康的平衡达到最优。它是一个社会、经济和人三者关系协同发展的绿色理论，而协同的一个相当重要的点又在于健康。对于农业面源污染，特别是在我国点源污染得到初步有效控制，而该污染正呈现蔓延趋势的严峻形势下，应用生态系统健康理论，从环境、经济和人三个角度研究农业面源污染及其带来的损害，尝试在三者之间找到可持续发展的协同点，具有较强的理论和实践必要性。

（二）生态系统健康理论在农业面源污染研究中应用的可行性

如前所述，从理论的范畴上看，生态系统健康理论是以人的健康为核心，协调环境、经济和人三者的可持续发展。其理论属性包含了环境因素、经济因素和人的健康因素。随着我国农业面源污染的不断加重，已对我国经济社会造成相当严重的生态环境危害、经济危害和健康危害，而这三个方面的危害又与生态系统健康理论协调的环境、经济和人完全对应起来。从理论的应用价值上看，生态系统健康理论是致力于在环境、经济和人三者之间寻求一个可持续发展的健康点，从而促进经济的良性发展、人类生态环境的改善和健康水平的提高。农业面源污染的相关研究，正是基于分析污染对环境、经济和人健康造成的损害及其大小，并采取相应的措施来改进和治理。因此，生态系统健康理论在农业面源污染研究中具有较强的理论可行性。

二 市场失灵理论对本书的启示

市场失灵理论强调市场机制这只“看不见的手”存在“市场失灵”现象，社会边际收益和社会边际成本不相等在经济社会实际中经常出现，导致资源配置会出现不合理的现象。如前所述，农业面源污染不能从经济学得到保护和重视，其主要是由成本太高所导致，并且环境损害大小总不能在市场上找到价格，也造成了这一现状。

从农业经济规模角度来看，其经济规模越大，需要消耗的环境资源就越多，对环境造成的污染影响就越大，而生态环境的恶化反过来又会影响农业经济的发展。因此，科学合理地评估农业面源污染对农业经济到底造成了多大影响、具体损失货币或金额为多少、损失的影响范围和面积有多大，就显得非常有意义。

开展农业面源污染的环境损害经济评估，能给污染造成的环境、经济和健康三个方面影响进行较为科学的定价，并建立影子价格，使“失灵的手”再次发挥市场作用。

三　环境资源产权理论对本书的启示

正如科斯在其著名的《社会成本问题》一书中所提到的那样，环境污染问题与经济问题具有“相互性”，该“相互性”体现在环境与经济之间、污染者与被污染者之间。如果政府允许污染大范围的存在，那么虽然经济可以快速发展，但是环境和被污染者则受到了较大损害。如果政府完全禁止污染的存在，那么经济发展必然受到影响，但是环境和被污染者则受到了较少损害。如何解决这一相互性的矛盾呢？这就需要在环境和经济问题之间引入产权理论这一桥梁：由于环境问题是经济活动外部不经济性的现实体现，引入产权理论，用经济学的方法研究环境污染问题是解决环境与经济矛盾的有效途径。

具体来讲，环境产权具有双重结构，包括政府公共产权和市场交易产权。分别实现环境的生产供给和环境的消费，并且，环境成本只有在两种产权都产生效率的时候才能达到最小。环境产权明晰化和环境市场的形成又需要将环境所有权、收益权和处置权拆分开来。而农业产权界定不清，损失没有合理的分配，就会导致农业面源污染的产生。对农业面源污染环境损害的三个方面：环境自身、直接经济和环境健康的经济评估，将会是发挥价格手段有效界定和分配农业环境产权的作用，并是制定科学的防治政策的唯一途径。因此，农业面源污染的环境损害经济评估的经济学依据为环境资源产权理论是较为合理的。

因此，对于我国现在既要保证经济快速发展，又要加强生态文明建设的具体国情和国策来讲，就必须要走可持续发展道路，引入环境资源产权理论，避免较严重的伤害。

四　环境价值理论对本书的启示

环境价值理论强调使用价值和非使用价值，前者是环境给人类提供物质层面生态服务功能，后者是环境给人类提供的精神层面生态服务功能。而其又具有有用性、唯一性、环境损害的不可逆性等特性。因此，衡量环境价值成为农业面源污染的环境损害经济评估核心。一方面，农业环境退化会对我们人类的生存和发展产生不利影响，而这又由农业面源污染导致。只有加强治理农业面源污染才能体现和恢复环境的使用价值和非使用价值。另一方面，准确地开展农业面源污染的环境损害经济评估可以提高人们对农业环境价值的关注，并提供有力依据。因此，环境价值理论为农业面源污染的环境损害经济评估提供较强的理论依据。

以环境价值理论为基础分析我国农业结构和农业技术，过去中国的农业结构较为单一，但现在已经逐渐向农、林、牧、副、渔所共同构成的多元化结构转变，这就意味着传统种植业的占比呈现降低趋势。究其原因，是经济发展中低附加值的种植业正逐步被高附加值的养殖业所取代，这背后更是有先进农业技术对农业经济的推动。然而，高经济附加值的养殖业和先进农业技术共同带来的问题也逐渐显现出来。化肥农药的过度使用、土地的过分使用以及地表水资源的过度开发等带来的氮、磷和化学需氧量负荷日益加重也不容小觑。因此，开展农业面源污染的环境损害经济评估，能有效衡量研究区域总氮、总磷和化学需氧量的污染负荷进行核定，并评估其对农业经济造成的损失大小，为改善农业结构和改进农业技术奠定基础，从而促进农业经济健康发展。

以环境价值理论为基础来分析农业面源污染的治理对策来看，

开展农业面源污染的环境损害经济评估，能从污染带来的具体经济损失角度，基于关键污染因子，针对性地对污染造成的环境、经济和健康三个方面提出治理对策，作为政府政策制定的参考，从而达到农业面源污染排放量的减少，促进农业经济可持续发展。

第三章

我国农业面源污染的现状分析

水体环境质量的污染源可分为点源和面源，点源污染由于排放点确定、易治理等优势，近年来在各个国家包括我国，都已经得到了有效控制。而面源污染由于涉及范围广、控制难度大，目前并没有得到较好的控制和治理，即使是在发达国家，针对面源污染的研究也远不如点源污染。因此，面源污染目前已经成为导致水体污染的重要污染源，而其中又以农业面源污染影响最为严重，分布最为广泛。农业面源污染是指农业生产活动中产生的氮素和磷素等营养物、农药以及其他有机或无机污染物，在各种应力作用下以低浓度、大范围的形式缓慢地从土壤圈向水圈、大气圈扩散，对大气、水、土壤所造成的严重污染。

农业面源污染已经成为我国农村生态破坏和环境污染的重要原因之一，其所带来的生态危害、经济危害和社会危害严重制约了农村地区的生态文明建设和经济发展，因此治理农业面源污染刻不容缓。农业面源污染造成了严重的土壤污染和水体污染：我国目前至少有1300—1600公顷耕地由于农业面源污染而失去了原有的耕种价值；七大江河水系也因为农业面源排污遭受到了不同程度的污染。农业面源污染不仅会造成环境污染和生态破坏，带来巨大的经济损失，还会导致严重的社会问题。我国农业面源污染问题由来已久且日益凸显，但是污染防治和管理力度却还不够。因此，对农业面源污染的现状和危害进行深入研究和分析，有利于促进农业面源污染的控制和治理，推进农村地区生态环境建设和经济可持续发展。

第一节　我国农业面源污染的来源与成因

一　农业面源污染的来源

导致农业面源污染的污染物按其存在形式主要可以归纳为四类：营养物质、有毒物质、固态堆积和烟尘。

（一）以营养物质的形式进入土壤或汇入地表水体

农业生产产生的营养物主要是化肥，包括磷肥、氮肥、钾肥等，其主要成分为氮、磷及其化合物。一方面，土壤中过量的营养物质会破坏其原有结构，导致土壤板结，造成土壤有机质含量下降，降低土壤肥效；另一方面，由于这类营养物质易溶于水，在污染发生时可直接进入地表水体，或者先富集于土壤中，在通过土壤中流、渗透、淋流、毛细管运动等方式进入地下水体或地表水体造成水体富营养化。相关研究也表明，在导致水体富营养化的包括工业废水、生活污水、有机垃圾、家畜家禽粪便以及农药化肥等诸多因素中，农药化肥是最主要的因素。

（二）以有毒物质的形式进入土壤或汇入地表水体

农业生产过程中的有毒物质主要是由农药和化肥产生的。制造化肥的矿物原料及化工原料中，往往含有各种重金属，如汞、铅、铜、砷等，以及其他有害成分，这些污染物质会随着农户施肥进入自然环境中导致污染。而农药尤其是有机农药、杀虫剂、除草剂等，因其持久、难降解的特点对环境造成的危害更大。相关研究表明，残留在土壤中的六六六降解 95% 最长需要 20 年的时间，滴滴涕更难降解，被分解 95% 则需要 30 年（王京文等，2003）。所以虽然有些高毒农药已被禁止使用，但其带来的危害仍存在着。这些有毒物质一部分在施用过程中直接进入喷施区域或其附近水体，另一部分被植物或土壤黏附，而后随雨水或灌溉水的冲刷迁移至水体。

（三）以固态堆积的形式造成环境污染

农业生产、生活中产生的固体废弃物如作物秸秆、难降解的废弃农膜、农产品粗加工废弃物以及成分多样的生活垃圾等，不经规范处理直接就地堆放，废弃物中含有的污染物在短时间内无法自我降解，继而进入土壤和水体中，不仅妨碍农业生产活动正常进行，造成农村环境视觉污染，也会导致土壤和水体污染。

（四）以烟尘、有毒气体的形式进入大气中造成大气污染

我国对农业废弃物包括废弃农膜生活垃圾、秸秆等的后续处理没有完善的无害化处理机制，加之农户面源污染防治意识淡薄，导致大多数农业废弃物都是采用就地焚烧的简易处理方式。焚烧产生的烟尘和有毒气体会直接进入大气造成污染，尤其是农膜燃烧时产生的酚性气体、氯化氢气体以及硫化物等均是毒性很大的物质。进入大气的污染物质最终也会通过降水进入水体和土壤造成污染。

二　农业面源污染的成因分析

目前，我国农业面源污染越来越严重，其带来的危害也日益凸显。要想有效地防治农业面源污染，确定面源污染产生原因才是根源所在。只有明确了农业面源污染原因，才能有的放矢，对症下药，从源头上遏制污染的产生。我国农业面源污染引发的原因是多方面的，主要可以归纳为以下几点：

（一）农村基础设施落后

近年来，随着我国农村经济的快速发展，农村地区的生活水平也不断提高，自来水、取暖等基础设施也都已基本覆盖，这也导致农村生活产生的废水和生活垃圾日益增多，加之我国农村人口众多，废水排放量和垃圾日产量不容小觑。但是，过快的经济发展导致的后果是排污处理设施难以跟上经济发展的步伐，多数农村还缺乏基本的污水和生活垃圾处理系统。除了居民生活外，很多农业活动如

畜禽养殖、水产养殖大多没有相应配套的排污处理设施，产生的废水直接排入就近水体，固体废弃物随意堆放，不仅造成土壤和水体污染，还会产生异味，破坏美观。

（二）农业耕作措施不当

现代农业的一大特征是通过施肥、喷洒农药、农膜覆盖等人为操作提高作物产量。但是如果耕作措施不恰当，不仅会适得其反，还会带来很大环境污染。例如，目前使用的无机肥氮（N）：五氧化二磷（P_2O_5）∶氧化钾（K_2O）的比例是1∶0.45∶0.3，而合理的比例应是1∶0.5∶0.5（陈火君，2010）。不合理的施肥结构导致化肥利用率的低下，严重浪费了社会资源。而多余的肥料，一部分残留在土壤中，破坏土壤原有结构，降低了土壤质量；另一部分随雨水或灌溉水进入水体，导致水体富营养化。另外一个严重的不恰当耕作举措就是过度喷洒农药。我国每年的农药使用量高达约150万吨，仅有10%—20%是附着在农作物上起到消灭病虫害作用的，其余的80%—90%都流失在土壤、水体和空气中（陈火君，2010）。更重要的是部分高毒农药含有难降解物质，对环境的污染是持久性的。

（三）农业经营主体科技素质偏低，面源污染防治意识薄弱

由于缺乏引导和技术指导，我国农民的科技素质水平普遍较低，不具备良好的对新技术、新农艺的接受能力。另外，农村还没有形成良好的农业环保氛围，农户的面源污染防治意识薄弱。我国现阶段“产量型”农业仍占主导地位，农户进行农业生产活动时过度重视经济效益，一味地追求低投入、高产量，缺乏对农药、化肥等农业用品的安全使用标准、合理使用准则的认识和了解，普遍存在化肥利用率低、过量施肥、偏施氮肥等问题，加剧了农业面源污染。

（四）农业生产推广体系不完善

我国目前还没有形成一套完善的农业生产推广体系，一方面，因为我国农户经营分散，我国农业生产主要是以家庭为单位，采用一家一户的耕作方式，而且由于地少人多，经营规模都很小，这样

的农业生产结构使得技术推广十分有难度。另一方面，我国的农业推广机构本身也存在机构不健全、技术水平低、缺乏专业指导人员等问题，无法给农民提供系统性的农业生产技术指导。另外，很多环境友好型技术如绿色食品和有机食品生产、农业废弃物资源化利用、农业标准化生产等都没有得到很好的宣传和推广，在农户中的认知度还远远不够。

（五）政府农业补贴政策与环境保护目标不相符

政府为调动农业生产的积极性，推行了很多激励政策，包括鼓励农民使用农药、化肥以提高粮食产量，其鼓励手段包括基本免除进口关税、实行价格补贴等。但是政府在出台相关激励政策的同时，并没有相应地限制化肥、农药过量使用的经济政策，也没有跟农户强调过度使用化肥、农药所带来的危害，片面性地展示了这把“双刃剑”有利的一面，而忽视了不利的一面。这样的片面性激励政策虽然在短期内提高了农民生产积极性，提高了粮食产量，但是从长远来看，政府的介入打破了市场平衡导致了资源的不合理配置，使得农业、化肥等农业用品过度使用，带来了严重的环境污染和生态破坏，最终将损害农业的可持续发展能力。

（六）水土流失严重加剧了农业面源污染

我国是世界上水土流失最严重的国家之一，我国有 4.87×10^7 公顷的耕地存在着水土流失，水土流失不仅会降低土壤生产力，土壤中大量的氮、磷、钾等营养元素流失进入水体还会导致水体富营养化。我国有将近 1/6 的国土面积存在水土流失现象，约达 150 万平方公里，每年土壤流失量高达 50 亿吨，仅长江、黄河两大水系每年泥沙流失量就达 26 亿吨。根据 2014 年发布的《全国土壤污染状况调查公报》显示，大量氮、磷、钾肥随泥沙流失，流失量约达 4000 万吨，相当于中国一年的化肥施用量，造成的经济损失也相当严重，折算过来约有 24 亿元。

第二节 我国农业面源污染的现状与分类

一 农业面源污染的现状

农业面源污染是一个世界性的环境污染问题，在全世界退化的12亿公顷耕地中，约12%是由农业面源污染导致的（Dennis L et al.，1998）。我国农业面源污染现状十分严峻，水质与土壤都遭受到了严重危害。根据2014年《中国环境状况公报》，我国七大江河水系均受到不同程度的污染，七大流域和浙闽片河流、西北诸河、西南诸河的国控断面中，Ⅰ类水质断面仅占2.8%，Ⅲ类以上水质断面占71.2%，主要污染指标为化学需氧量、生化需氧量和总磷。全国62个重点湖泊中三类以上水质湖泊38个，主要污染指标为化学需氧量和总磷，其中太湖湖体平均为轻度富营养状态，巢湖湖体平均为轻度富营养状态，滇池湖体平均为中度富营养状态。而引起富营养化的原因，很大程度上是与农业面源污染相关的。另外，全国至少有1300万—1600万公顷耕地因农业面源污染导致严重污染、土壤酸化、有机质降低等问题（张士功，2005）。

根据农业部2010年公布的《第一次全国污染源普查公报》显示，全国农业面源污染物排放对水环境的影响较大。如表3－1所示，第一次全国污染源普查中农业源普查对象共2899638个，占总数的48.93%，包括1963624个畜禽养殖业，883891个水产养殖业，13884个典型地区（指巢湖、太湖、滇池和三峡库区4个流域）农村生活源。普查结果显示，农业污染源化学需氧量、总氮、总磷排放量分别占总量的43.71%、57.19%、67.27%，其中种植业总氮流失量159.78万吨，总磷流失量10.87万吨；畜禽养殖业排放污水中包含化学需氧量1268.26万吨，总磷16.04万吨，总氮102.48万吨；水产养殖业排放污水中包含化学需氧量55.83万吨，总磷1.56万吨，总氮 8.21 万吨。[①] 普查结果进一步证实了我国农业面源污染形势之严峻。

表 3－1　《第一次全国污染源普查公报》中农业源污染物排放量

项目	污染源个数	化学需氧量排放量（万吨）	总氮排放量（万吨）	总磷排放量（万吨）
污染源总计	5925576	3028.96	472.89	42.32
农业污染源	2899638	1324.09	270.46	28.47
农业污染源占污染源总计比例	48.93%	43.71%	57.19%	67.27%

资料来源：笔者根据 2010 年发布的《第一次全国污染源普查公报》整理而来。

梁流涛等通过对农业面源污染形成机制分析框架的构建，计算得出了我国 1990—2006 年农业源化学需氧量、总氮、总磷排放量和排放强度。结果显示 1990—2006 年，我国农业源化学需氧量、总氮、总磷年均排放量为 566.53 万吨、634.77 万吨、78.04 万吨，整体上呈现逐年增长的趋势，但 2006 年跟 2005 年相比略有下降。另外，农业源化学需氧量、总氮、总磷年均排放强度分别为 8.62 千克/公顷、9.69 千克/公顷和 1.1 千克/公顷，也是呈现逐年增加的趋势（梁流涛等，2010）。

我国农业面源污染的排放量和排放强度也存在很大的区域差异性。人口密集、农业集约化程度高的地区污染排放总量比较大，比如河南、江苏、湖北、山东、安徽等省；污染排放强度大的省份也主要集中在人口众多的区域，如江苏、山东、天津、河南等。此外，农业面源污染的源头构成也有很明显的空间差异性。梁流涛对不同地区的农业面源主要污染物排放量进行研究比较发现，东部地区如上海、广东、北京、福建以及中西部地区如湖南、新疆、江西等由于畜禽养殖业比较发达，所以化学需氧量的排放量比较大；天津、江苏、安徽、浙江、北京、湖北、宁夏、陕西、福建、上海、重庆

① 中华人民共和国环境保护部：《第一次全国污染源普查公报（2010）》。

11 个省市由于化肥施用量较大，所以总氮排放量较大。而对于总磷，排放量较大的是湖北、江苏和黑龙江 3 省，其主要来源也是化肥施用。①

我国农业面源污染严重，究其原因，主要还是过度施用化肥、农药，农膜不合理回收和集约化养殖导致的。我国的化肥、农药和农膜使用量都是居世界前列的。如表 3 - 2 所示，2005—2014 年，我国年均农用化肥施用总量达 5445.76 万吨，并且呈逐年递增趋势，2005—2014 年十年内化肥使用总量增加了 25.8%，今后必须要对我国的化肥施用量加以控制。我国农业生产施用的化肥主要是氮肥、磷肥、钾肥和复合肥四类，其中以氮肥为主，复合肥次之。近十年，氮肥的施用量保持在一个基本稳定的水平，复合肥和钾肥施用量的增长速度较快，分别增长了 65% 和 31%。

表 3 - 2　　2005—2014 年我国农用化肥施用量　　单位：万吨

年份	化肥施用总量	氮肥	磷肥	钾肥	复合肥
2005	4766.2	2229.3	743.8	489.5	1303.2
2006	4927.7	2262.5	769.5	509.7	1385.9
2007	5107.8	2297.2	773.0	533.6	1503.0
2008	5239.0	2302.9	780.1	545.2	1608.6
2009	5404.4	2329.9	797.7	564.3	1698.7
2010	5561.7	2353.7	805.6	568.4	1798.5
2011	5704.2	2381.4	819.2	605.1	1895.1
2012	5838.8	2399.9	828.6	617.7	1990.0
2013	5911.9	2394.2	830.6	627.4	2057.5
2014	5995.9	2392.9	845.3	641.9	2155.8
年均	5445.76	2334.39	799.34	570.28	1739.63

资料来源：《中国统计年鉴（2014）》。

① 梁流涛等：《农业面源污染形成机制：理论与实证》，《中国人口·资源与环境》2010 年第 4 期。

我国也是世界上农药和农膜使用大国，从图 3 - 1 可以看出，1999—2009 年，我国年均农药使用量高达 144 万吨，到 2006 年已经突破 150 万吨，并仍呈现持续增长趋势①；农膜使用量也是呈现逐年上升态势，2008 年已超过了 200 万吨。根据 2015 年中国塑料加工工业协会农用薄膜专业委员会在 2015 年年会上的披露：2014 年，我国棚膜覆盖面积约 6160 万亩，地膜覆盖面积约 3.8 亿亩，居世界首位。根据农业部调查显示，目前农膜残留量一般为 60—90 千克/公顷，最高可到 165 千克/公顷，且残留量随着使用年限而增加。② 所以大量的农膜使用导致的结果就是土壤中残留大量的农膜，残膜不仅会改变或切断土壤孔隙连续性，影响水分下渗，降低土壤抗旱能力，残膜迁移到土壤中的有害物质还会随降水、地表径流和土壤渗滤等途径进入地表和地下水体中，最终导致水体污染。

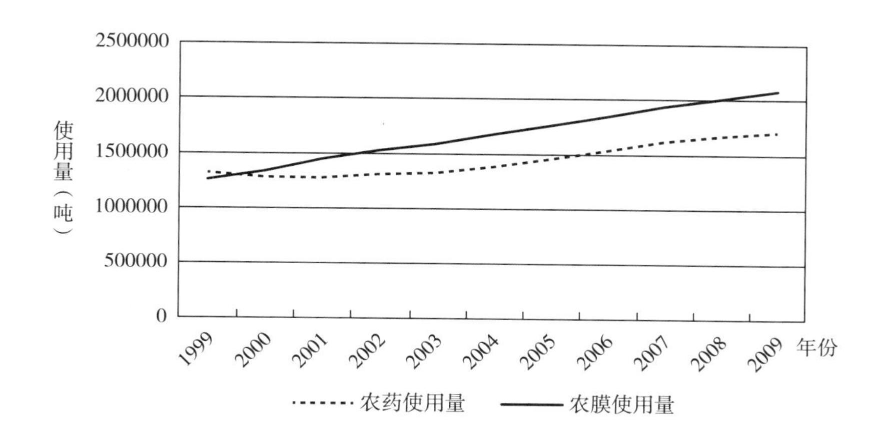

图 3 - 1　1999—2009 年我国农药和农膜使用量

资料来源：1999—2007 年农药使用量、农膜使用量数据来自国家统计局农村社会经济调查司编《改革开放三十年农业统计资料汇编》，中国统计出版社 2009 年版；2008—2009 年农药使用量、农膜使用量数据来自国家统计局《环境统计数据》。

---

① 王赛妮、李蕴成：《我国农药使用现状、影响及对策》，《现代预防医学》2007 年第 20 期。

② 徐玉宏：《我国农膜污染现状和防治对策》，《环境科学动态》2003 年第 2 期。

我国农业面源污染问题由来已久，且不受重视。自 2011 年起，我国才将农业源污染物纳入环境污染排放统计中，包括畜禽养殖业、种植业和水产养殖业。现有的公报关于农业源的排污统计仅限于化学需氧量和氨氮两个指标，设立的指标还不够全面。表 3－3 是国家环境保护部公布的全国环境统计公报公布的近四年我国农业源化学需氧量和氨氮排放量和所占比例。2011—2014 年，我国农业源废水化学需氧量和氨氮的年均排放量分别为 1142.03 万吨和 79.18 万吨。农业源化学需氧量占我国废水中排放总量的 47.72%，接近 50%，且呈现逐年递增的趋势；氨氮占 31.74%，有略微下降的趋势。

表 3－3　　2011—2014 年农业源化学需氧量和氨氮排放状况

年份	化学需氧量		氨氮	
	排放量（万吨）	占废水中排放总量的比例（%）	排放量（万吨）	占废水中排放总量的比例（%）
2011	1186.1	47.40	82.7	31.80
2012	1153.8	47.60	80.6	31.80
2013	1125.8	47.85	77.9	31.71
2014	1102.4	48.04	75.5	31.66
均值	1142.03	47.72	79.18	31.74

资料来源：笔者根据 2011—2014 年《全国环境统计公报》整理而来。

环保部增加了农业面源污染的排污统计，说明我国对农业面源污染已经越来越重视。但目前我国农业面源污染形势仍然十分严峻，如果不严加控制，不仅破坏农村生态环境，还会直接影响农业的可持续发展。

二　农业面源污染的分类

农业面源污染是农业生产和农村生活导致的，按其来源可将农业面源污染概括为化肥污染、农业污染、农膜污染、秸秆堆放和焚烧污染、养殖业面源污染和农村生活污染六大类。

（一）化肥污染

目前，我国正由传统农业向现代农业转型，农业发展对化学品的依赖性还很强，农药、化肥等化学品的使用提高了至少四分之一的农业产量（沈景文，1992）。然而，过量或不合理地施用化肥会使氮、磷、钾等元素以化学盐的形式在土壤中累积，造成土壤板结。另外，由于制造化肥的矿物原料及化工原料中，含有多种重金属以及其他有害成分，也会导致土壤中的重金属和有毒元素增加。土壤水溶性养分等物质被雨水和农田灌水淋溶到地下水及地表水体中，使水体中的氮、磷等营养元素富集，导致水质的恶化（梁流涛等，2010）。

我国是世界上化肥年使用量最大的国家，以仅占世界耕地总面积约7%的耕地消费了接近世界1/3的肥料。根据农业部公布的数据显示，我国农作物的化肥施用率约为21.9公斤/亩，远高于世界平均水平的8公斤/亩，是美国的2.6倍，欧盟的2.5倍。更重要的一点是，虽然化肥使用量大，但是施入土壤中的化肥有效利用率极低，钾肥的有效使用率为35%—50%，氮肥为30%—40%，磷肥的当季利用率相当低，仅有10%—20%（叶恩发等，2004），化肥利用率比发达国家低15%—20%，加之表施多于深施，进一步降低了使用率，故大量氮、磷、钾随径流流失进入地表水体。据统计，1990—2008年我国因为过度施用化肥导致总氮、总磷排放量大量增加，总氮排放从313.27万吨增加到408.88万吨，总磷排放从16.66万吨增加到25.03万吨（赵同科等，2004）。

（二）农药污染

根据有关调查数据显示，全世界因使用农药防止农业病、虫、草害而挽回的农业损失约占粮食总产量的1/3（刘长江等，2002）。我国占有世界上约7%的耕地，却养活了全世界将近22%的人口，这很大程度上归功于农药的作用（黄箐等，2002）。据统计，目前我国生产和使用的农药有几千种，每年用量约达150万吨，农药的喷洒量远超过了农田实际所需量和环境承载量，而且农药的有效利用率极低，仅 10%—20%，其中约 80% 的农药直接进入环境：当喷施的农药是粉剂时，仅有 10% 左右的药剂附着在植物体上，其他的 90% 或富集于土壤，或直接进入就近水域；若是液体时，也仅有 20% 左右附着在植物体上，1%—4% 接触目标害虫，40%—60% 降落到地面，5%—30% 飘浮于空中（Sharpley et al.，1994）。农药的不当、过度使用和其低利用率，导致土壤中的农药残留量不断累积增加。农药作为外来化学物质会改变土壤的结构和功能，使土壤酸化，降低土壤生产力；同时，进入土壤的有毒有害农药也会直接危害土壤中的生物，破坏土壤生态平衡；有些农药残留期长，通过食物链和生物富集最终危害人体健康。

（三）农膜污染

农膜覆盖培养是我国农业由传统模式向现代化集约模式发展的一项重大技术改革。该技术是我国于 1978 年自日本引进的，自引进该技术后，我国便逐渐成为世界上最大的农膜生产国和使用国。农膜在我国农业生产中有“白色工程”之称誉，因为其在我国早期的菜篮子工程、温饱工程和农业现代化中都发挥了巨大作用。截至 2005 年，我国地膜覆盖面积已经达到了 350 万公顷，农膜使用量达到 95.9 万吨，覆盖范围涉及高寒、干旱及半干旱地区的将近 40 种农作物，包括陕西、山西、新疆、甘肃、内蒙古等，并呈现持续增长的趋势（严昌荣等，2006）。

然而，农膜技术在实现了大幅度高产稳产的同时，也带来了严峻的环境问题，产生了农业“白色污染”。使用后的农膜如果不进行合理回收，会在土壤中逐年累积，农膜在土壤中覆盖五年残留量就可以达到每亩 5.2 公斤（张超坤，2001）。农膜本身是一种塑料薄膜，大部分的原材料是不可生物降解的高压聚乙烯或聚氯乙烯，都是不可生物降解的，堆积在土壤中经久不烂。长此以往，残留在土壤中的农膜不仅会破坏土壤结构，改变或切断土壤孔隙连续性，阻碍土壤中水分的流通，降低土壤的抗寒能力，导致土壤次生盐碱化；还会影响土壤中作物的正常生长，因为作物是靠根系从土壤中获得水分和养分，而残留的农膜会阻碍作物的根系连通，导致作物减产；同时残膜迁移到土壤中的有害物质还会随降水、地表径流和土壤渗滤等途径进入地表和地下水体中，最终导致水体污染。

（四）秸秆堆放和焚烧污染

目前，我国农作物秸秆的有效利用方式主要可分为两种：一种是作为农户燃料直接燃烧，这部分占秸秆总量的30%以下；另一种是秸秆还田，以增加土壤肥力。除去上述提到的两种有效利用方式外，还约有一半的秸秆是被不合理处理的：就地焚烧或废弃堆置（王东爱，2001）。我国产生的农作物秸秆年均量约为7亿吨（张雪松等，2004），而秸秆的综合利用率却不到15%。

在我国农村，大部分农作物秸秆是被随意堆放的，像田地里、农舍间、河岸旁，堆放在地表的秸秆会在雨水的冲刷下产生大量的渗滤液进入地表水甚至是地下水，从而造成大范围的面源污染（梁流涛，2010）。另外，每年有大量的农作物秸秆被就地焚烧。秸秆方面焚烧产生的污染主要体现在两方面：一方面，产生一氧化碳、二氧化碳、二氧化硫、氮氧化物以及烟尘等污染物污染大气。据曹国良等测算，2000—2003年我国产生的主要农作物秸秆量平均约为60794万吨，露天直接焚烧的秸秆总量平均约为13991万吨，排放的污染物主要有$PM_{2.5}$、二氧化硫（SO_2）、氮氧化物（NOx）、氨气（NH_3）、甲烷（CH_4）、黑炭（BC）、有机碳（OC）、易挥发有机物（VOC）、一氧化碳（CO）和二氧化碳（CO_2），造成了严重的大气污染。[①] 另一方面，也会破坏土壤结构，降低土壤质量。由于秸秆焚烧入地三分，所以往往会烧死地表的微生物，矿化土壤中的腐殖质和有机质，从而破坏了土壤生态系统的平衡。

秸秆含有大量的有机质和氮、磷、钾、钙、镁、硫等多种成分，有机质含量平均约为15%，氮含量为0.63%—3.2%，磷含量为

① 曹国良等：《中国大陆秸秆露天焚烧的量的估算》，《资源科学》2006年第1期。

0.11%—0.60%，钾含量为0.42%—2.40%（徐玉宏，2007）。除有机质和氮素外，其他元素经燃烧后仍存在于灰分中。焚烧后的秸秆灰分残留于土壤中，随降水、地表径流和土壤渗滤等方式进入水体中，大量的氮、磷等物质随之进入水体，造成水体富营养化和水质污染。

（五）养殖业面源污染

养殖业主要包括畜禽养殖和水产养殖。随着畜牧业的发展，我国规模化养殖场的数量越来越大，目前畜牧业已经发展成为国民经济的支柱产业之一。但是在畜牧业快速发展的同时也带来了一系列的环境污染问题（白献晓等，2007）。据环境保护部统计，我国禽畜粪污的有机污染负荷早就超过了工业废水和生活污水的总和。政府公布的数据表明，畜禽粪便每年流失至水体的化学需氧量、生化需氧量、总磷、总氮总量分别为647万吨、600万吨、87万吨、34.5万吨［环境保护部《畜禽养殖业污染防治技术政策（征求意见稿）》编制说明］。畜禽养殖产生的污染物主要是畜禽的尿液、粪便等排泄物以及其淋洗液，但是大多数养殖场没有设置配套的污水处理设施，以致大量禽畜场粪尿污水随意堆放和流失。相关实验表明，一头猪每天的排泄量达12千克，其中有机物含量占25%，氮、磷的含量分别为0.45%和0.19%；而鸡、鸭等禽类粪便中的氮、磷含量更高。[①]由此可见，畜禽排泄物中的有机物浓度非常高，高浓度有机物的污水如果未经处理直接排入江河湖泊等地表水体中，会造成水体的有机污染。

水产养殖是我国的另一大农业养殖产业。我国的水产养殖是以高产出为目标的粗放型发展模式，通过施肥或投饵来增加产量，化学品投入量远远超过了水体生态容量。水产养殖过程中施放的肥料、药物以及鱼类的残骸、排泄物等都会消耗水体中的溶解氧，使得水

---

① 李自林：《我国农业面源污染现状及其对策研究》，《干旱地区农业研究》2013年第5期。

体中溶解氧降低，氨氮浓度升高，导致水体污染。同时，鱼类残骸、排泄物中也会滋生大量的病毒、细菌等致病微生物进入水体中，严重影响了水产品的质量安全。

（六）农村生活污染

农村生活污染主要来源于居民的生活垃圾、生活污水和人体排泄物三大类（冯庆，2009）。生活污水主要是日常沐浴、洗涤等产生的污水，污水中主要含有氮、磷等污染物。生活垃圾因其来源广泛，其污染物成分也较为复杂，含有大量的有机污染物、无机废物和病原微生物。我国农村面积广阔，居住分散，致使生活污染难以统一管控。另外，由于农村经济发展相对较慢，没有建立完善的环保设施体系，排污管道、卫生厕所、垃圾收集处理等基础设施尤其欠缺，使得大多数污染物未经处理就直接进入环境中。同时，随着城镇化的迅速发展和人口的增长，农村生活污水和垃圾的产量不断增加，我国农村每年生活污水的直接排放总量超过 25 万吨，这些污水直接排入江河湖泊等地表给水体造成污染。

第三节　我国农业面源污染的危害

农业面源污染对生态环境的危害是多方面的，主要可以分为生态危害、社会危害和经济危害三大类。生态危害主要包括水体污染、土壤污染和大气污染等生态环境的污染和破坏；经济影响主要是指由于水体和土壤的污染，对种植业、渔业和畜牧业所造成的经济损失，如作物产量或质量降低、鱼类减产、畜禽质量下降等。农业面源污染的健康危害包括农业面源污染对人体的直接危害，以及由其导致的水体和土壤污染所造成的饮用水水质恶化和食品安全等问题对人类健康的危害。

一　农业面源污染的生态危害

生态污染主要包括水体污染和土壤污染，还有一定程度的大气污染。为提高农业产量，农药、化肥被过度或不适当施用，农膜广泛覆盖却没有合理回收，养殖业没有配套的排污处理设施，秸秆就地焚烧等。这些不恰当的行为都会造成土壤、水体和大气污染。

（一）对土壤的危害

不当的农业耕作措施会对土壤造成不可逆的危害。农药和化肥中往往含有重金属元素，如铜、汞、砷、锡等，以及其他非金属离子，这些重金属元素在环境中的迁移性小、残留性强，几乎完全在土壤中积累，导致土壤中的重金属过量，加速土壤盐分累积和酸化。而作物在长期吸收土壤中的水分和养分后，会使作物体内的重金属含量增加，导致作物产量下降或品质降低。施加在土壤中的氮肥会通过一氧化二氮→一氧化氮→亚硝酸根→硝酸根（$N_2O-NO-NO_2^- -NO_3^-$）的反应途径导致酸雨，间接造成土壤酸化。土壤酸化会抑制土壤中的有益微生物生长，如固氧根瘤菌，也会改变土壤中养分的形态，降低养分的有效性。

使用后的农膜如果不进行合理回收，会在土壤中逐年累积，农膜在土壤中覆盖五年残留量就可以达到每亩 5.2 公斤（张超坤，2001）。农膜本身是一种塑料薄膜，大部分的原材料是不可生物降解的高压聚乙烯或聚氯乙烯，都是不可生物降解的，堆积在土壤中经久不烂。长此以往，残留在土壤中的农膜不仅会破坏土壤结构，改变或切断土壤孔隙连续性，阻碍土壤中水分的流通，降低土壤的抗寒能力，导致土壤次生盐碱化；还会影响土壤中作物的正常生长，因为作物是靠根系从土壤中获得水分和养分，而残留的农膜会阻碍作物的根系连通，导致作物减产；同时残膜中的有毒有害物质迁移到土壤会造成土壤污染。

另外，每年有大量的秸秆被就地焚烧。秸秆焚烧除了产生一氧化碳、二氧化碳、二氧化硫、氮氧化物以及烟尘等污染物污染大气外，也会破坏土壤生态平衡，破坏土壤结构，造成农田质量下降。

（二）对水体的危害

在农业面源污染与不同环境要素的相互作用中，与水体之间的作用最为直接且影响途径最多，强度最大，范围最广：污染物可以直接排入水体，可随降水和地表径流进入水体，可通过水土流失进入水体，还可通过大气沉降进入水体，总之所有的农业源污染物通过多种途径最终都会有一部分是进入水体的。

农业面源污染导致水质恶化和水体富营养化。过度和不合理施用农药、化肥，导致大量的氮、磷和有害物质进入河流、湖泊、水库等地表水体，造成水体富营养化，导致水体缺氧、变质，浮游生物大量繁殖，河道淤堵，耐污种类暴发，水生生物死亡，水生态系统失衡，同时污染物还会随渗滤、淋流等途径污染地下水体。根据环保部调查结果显示，目前农田排污、养殖排污和农村居民生活排污已经成为流域水体富营养化的重要原因，其对水体污染的贡献率已经远远超过了点源污染。

另外，农业面源污染还会导致水体生态服务功能下降。水体具有巨大的生态服务功能价值，包括饮用水供应、提供水能、生产供应、净化环境、调节灾害、维持生物多样性、休闲娱乐和文化孕育等（李冠杰，2015）。但是近年来，种植业、养殖业和农村生活污染使水体污染物种类和数量急剧增加，超出水体自身的自净能力范围，加剧了水质恶化，使水体自我调节和修复能力下降，严重限制了水体生态服务功能的正常发挥，多数地表水由于水质下降，失去了原有的使用价值，造成了巨大的经济损失。

（三）对大气的危害

农业活动会加剧温室效应、臭氧层破坏、雾霾等大气污染现象。农业生产过程中就会产生二氧化碳、甲烷及一氧化二氮等温室气体。温室气体是指会造成地球气温上升的一类气体，主要包括二氧化碳、氧化亚氮、甲烷、氢氟烃、氟碳化物、六氟化硫六类气体，这类气体会截留地面反射的长波辐射，阻止地球热量散失，导致整个地表气温上升，即产生“温室效应”。农业生产施用的氮肥会加剧臭氧层破坏。氮肥的施用会使土壤中的含氮量增加，土壤中的氮经过微生物的硝化作用、脱氮作用等一系列反应会产生一氧化二氮气体排放到大气中，一氧化二氮与水结合会生成一氧化氮，一氧化氮会与大气中的臭氧发生氧化还原反应，大量的臭氧消耗会破坏能够阻隔辐射线的臭氧层。臭氧层遭受破坏之后，就无法阻隔太阳辐射到地球的强烈紫外辐射，紫外线直驱地面会对人类和其他生物造成严重危害。另外，农业生产过程中喷洒的部分农药会直接进入空气中造成污染。农药喷洒的实际利用率很低，只有10%—20%的农药能够达到防治效果，其余的都逸散在空气中或沉降到水体和土壤中。部分具有强烈挥发性的农用药品及肥料即使施用进入土壤或吸附在作物表面，也会挥发到空气中造成污染。

此外，我国每年有大量的秸秆被就地焚烧，秸秆焚烧除了会产生肉眼不可见的一氧化碳、二氧化碳、二氧化硫、氮氧化物等温室气体和有害气体外，还会产生颗粒物加剧雾霾，成为雾霾的“帮凶”。

（四）破坏生物多样性

农业活动是影响生物多样性的重要因素。现代农业由于过度依赖化肥、农药等农用化学品的使用，导致农田及周边环境中的野生生物遭受到了严重侵害，破坏了生物多样性。尽管生物都有一定的分解和排泄有毒有害物质的能力，但当侵入生物体内的污染物超过其自身的自我调节能力时，比如长期持续侵入或短时间内高浓度侵入，便会造成污染物在生物体内逐渐累积。生物体内的污染物会通过食物链在生物圈内传递，由于生物富集效应，最终会危害其他生物。现在农业用化肥、农药等农用化学品种类繁多，并且不断有新产品被研发投入使用，对生物多样性是一个巨大的威胁。

在各类农用化学品中，农药对生物多样性的影响是最大的。农药喷洒的实际利用率很低，只有10%—20%的农药能够达到防治效果，其余的都逸散在空气、沉降到水体和土壤中，或残留在植物表面；施加的农药往往也不是专门针对害虫的，还会毒害其他无害生物，这些都对生物多样性产生了严重影响：①破坏生物群落。地球上的昆虫种类达100多万种，其中只有几千种是对农作物有害的，而在实际农业生产中真正危害到作物生长、需要防治的昆虫更是只有几百种。现在市面上流通的农药基本上都是具有广谋杀虫活性的，即不仅杀害虫，也会危害到农田及周边的无害甚至是有益昆虫，破坏了生态多样性，造成农业生态系统内部种群趋于单一性，另一方面也破坏了原生生态系统平衡，可能会促使原先受到抑制的次要种群变成主要有害种群，导致害虫暴发，引发严重的社会问题。除了昆虫外，过量地施用农用化学品还会破坏植物群落，比如在美国东南部的松林中，因为施用大量的除草剂，对林中1.4米以下的木本和草本植物生长造成了抑制，使物种丰富度大大减少。②影响微生物区系。土壤中生活着真菌、细菌、放线菌等各种微生物，这些微生物中很多是对土壤自身结构和作物生长有益的，具有分解污染物、传递营养物质、促进植物生长等功能。如果过量地使用杀虫剂、除草剂等化学品，会抑制甚至消灭土壤中微生物的活动。③破坏鸟类多样性。对鸟类多样性的影响主要体现在直接途径和间接途径两方面：一方面，由于农业面源污染导致土壤、水体、作物中污染物浓度增加，污染物会通过食物链最终富集到鸟类体内，造成鸟类中毒死亡，严重影响了鸟类的繁殖发育，威胁到鸟类多样性；另一方面，由于农药、化肥等农用化学品的施用，使地面植物和动物种群的多样性减少，进而影响了鸟类的捕食，尤其是对于捕食种类单一的鸟类，其生存会受到严重威胁。

二　农业面源污染的经济危害

农业面源污染因其污染的分散性和广泛性，每年都会造成巨大的、不可估量的经济损失。农业面源污染损失包括农业面源污染造成的直接经济损失、由污染引起的生产成本的增加以及造成的环境价值污染、灾害损失和人体健康损失等间接损失。农业面源污染直接经济损失主要是指本可以采取一些防控措施带来地区种植业产量增加、减施化肥量、禽畜养殖排污的利用等带来的直接经济收益，但实际却未采取措施导致的经济损失。例如，不合理施用化肥导致化肥损失和农作物减产损失；禽畜养殖面源污染损失主要是未对禽畜废弃物等资源有效利用造成的损失，研究表明通过沼气工程处理可将禽畜废弃物转化为沼气、沼渣、沼液等宝贵资源（刘伟，2014）。

目前，还没有学者对农业面源污染的间接损失给出准确的定义，段雪梅（2013）在研究平原河网区农业面源污染时指出农业面源污染的间接损失包括环境价值损失（由于水体和土壤污染对种植业、渔业和畜牧业造成的经济损失和土壤营养物质流失造成的经济损失）、污染造成人体健康损失（如医疗费、本人误工、陪护人员误工损失）和环境污染造成一些灾害等导致的损失。而根据李昕（2017）等对环境污染损失的定义，其应该包括以下几部分：①环境污染造成的生产损失：由于环境污染导致工业、农业、养殖业及其他行业产量降低或品质下降所造成的经济损失，这部分损失通常可以用市场法进行核算。②环境污染造成的人体健康损失：由于环境污染造成的人体死亡、疾病、劳动力丧失等方面所造成的经济损失，这部分损失由于比较复杂较难核算，通常采用人力资本法进行核算。③环境自身污染损失核算：环境自身污染主要包括水体污染、土壤污染和大气污染。水体污染损失可用污水量的处理费用进行核算：水污染损失价值 =（生活污水排放量 + 工业废水未达标排放量）× 污水处理费；土壤污染损失一般用作物减产量进行核算；大气污染在对单位排污量附加真实价格的基础上，通过排污量计算实行排污收费。

我国目前没有全国性的农业面源污染损失研究，已有的研究主要是针对区域进行农业面源污染经济损失估算，但是损失估算范围并没有全面涵盖各个方面的污染损失。当前使用的农业面源污染经济损失估算模型主要是 Johnes 输出系数模型，该模型的特点在于对输出系数进行了详细分类：针对种植作物，根据耕地类型的不同采用不同的输出系数；针对畜禽牲畜，根据数量和分布的差异采用不同的输出系数；对于人口，则根据生活污水的排放和处理状况来确定输出系数。该模型对农业面源污染物的核算基本涵盖了全部来源，是一个比较全面、准确地核算模型。

鲍秋萍（2012）利用 Johnes 输出系数模型对 2010 年福建省农业面源污染总氮、总磷流失的损失进行估算，结果显示总氮、总磷流失的总损失约为 73.323 亿元，其中流失损失最大的是畜禽养殖，经济损失约为 42.109 亿元，农村生活流失损失次之，约为 18.855 亿元。范良千（2012）等同样用 Johnes 输出系数模型估算了 2009 年浙江省的农业面源污染中农业种植、禽畜养殖和农村生活总氮、总磷流失所造成的经济损失，总损失共计 23.29 亿元，其中农业种植损失最大，约为 12.92 亿元。段雪梅（2013）利用 Jones 输出系数模型对平原河网地区农业面源污染经济损失进行估算，以具有代表性的雪堰镇和长荡镇为研究对象，研究结果表明：2008 年，雪堰镇农业面源污染经济损失总额为 243 万元，其中农村生活污染经济损失占主导地位，损失为 163.4 万元；2010 年，长荡镇农业面源污染经济损失总额为 723.6 万元，禽畜养殖污染经济损失占主导地位，高达 363.8 万元，其次分别是农村生活污染和土壤侵蚀损失。研究结果显示同属于平原河网地区的雪堰镇和长荡镇农业面源污染经济损失存在很大差异，长荡镇约是雪堰镇的 3 倍，这跟当地的产业结构、农业耕作方式、政府管理力度等有关。杨引禄（2011）等也对宁夏黄河灌区的农业面源污染损失进行了估算，该研究区别于其他研究的特点在于作者在充分利用 Johnes 输出系数模型估算农业面源污染负荷的基础上，应用环境经济学中的恢复防护费用法将污染负荷转化为经济损失。研究结果表明：宁夏黄河灌区农业面源污染损失合 54874.1 万元，其中禽畜养殖导致的经济损失最大，高达 22481 万元，占整个灌区污染价值损失的 40.97%；种植业和居民生活污水造成的农业面源经济损失分别占研究区污染负荷经济损失总额的35.6%和23.4%（杨引禄，2011）。

目前，我国对于农业面源污染造成的经济损失还没有一个系统性的估算和统计，但从已有的区域性研究中可以看出，农业面源污染给经济效益方面带来了巨大的损失。所以要从造成非点源污染的根源出发，寻求适合的农业发展模式和技术，减少浪费，扩大经济效益。

三 农业面源污染的健康危害

（一）有毒有害气体和病原微生物直接与人体接触危害健康

农村最大的环境特点是生产与生活两项活动在同一区域、同一时间交互进行，因此，农业活动尤其是畜禽水产养殖产生的有毒有害气体和病原微生物会直接与人体接触导致人体健康疾病。排泄物尤其是畜禽排泄物未经规范化处理随意堆放，含有的有机物经过氧化分解不仅会产生恶臭，还会产生有害气体和携带病原微生物的粉尘进入空气中直接与人体接触或被人体吸入，除了会引起人体感官上的不适外，还会对人体呼吸道和皮肤产生毒副作用。如果长时间生活在这样的环境中，会降低人体的免疫力和代谢机能，严重危害人体健康。

另外，畜禽养殖也是人畜共患病的主要根源和载体。人畜共患病（Zoonoses）是指在脊椎动物与人类之间自然传播的、由共同的病原体引起的、流行病学上又有关联的一类疾病。据联合国粮农组织以及世界卫生组织统计，全世界的人畜共患病多达130多种，畜禽的排泄物是造成这类疾病的主要来源和载体。我国农村养殖业有规模小、分散性强的特点，加之生产和生活两项活动在同一区域，比较容易发生人畜共患病，且一旦发生，危害范围较大。

（二）污染水体、危及饮用水安全

袁金柱（2009）等通过分析中国化肥用量的变化与湖泊富营养化进程，揭示了农业面源污染的增加与水体污染的加重几乎同步，农业面源是造成我国水环境污染的重要原因。大量湖泊、水库面临水体富营养化，地下水污染也由点到面，由浅层到深层。我国湖泊富营养化始于20世纪70年代初，到70年代末约有12%的湖泊处于富营养化状态。到80年代末，湖泊富营养化加剧，在被调查的26个湖泊中，有61%处于富营养化状态。到90年代后期，富营养化湖泊的比例已经上升到了77%。此外，根据相关调查结果显示（全国城市饮用水安全保障规划资料），根据水功能区划标准，我国饮用水源地水功能达标率只有64.4%，其中水库水质达标率最高，为77%，其次是河道达标率为56%，湖泊水质达标率最低，仅为23%。全国1073个重点城市中，将近25%地表水饮用水水源地水质不达标；地下水水源地水质污染问题更加突出，115个地下水水源地中有将近35%是不达标的。除了工业污染外，农业面源污染也是导致这一后果的主要原因。

由于人为原因造成水体污染，导致我国农村超过3亿人无法喝到干净的饮用水，农村人口的疾病率和死亡率逐步上升。近年来，中央和地方加大了城乡饮用水的安全保障，采取了一系列措施解决城乡居民饮用水的安全问题，但目前我国饮用水安全形势仍然十分严峻，危及城乡居民饮用水安全。

（三）污染土壤、危及粮食与蔬菜安全

农业源导致的土壤污染主要包括两方面：一方面，生物污染，主要是由人畜的排泄物、生活污水和生活垃圾导致的，其中携带的病原体和有害生物种群进入土壤后，破坏了土壤生态系统平衡，导致土壤质量下降，土壤病原体污染还会传播疾病，直接危及居民的健康。另外，土壤生物污染还会引起植物病害，造成农作物减产，如茄子和烟草等植物的青枯病，玉米、小麦等粮食作物的黑穗病，大白菜、萝卜等蔬菜的烂根，都是由土壤的生物污染导致的，不仅降低了作物产量，还降低了作物的质量。另一方面，有毒物质污染，主要是过度施用农药、化肥，使用农膜等不恰当的耕作措施导致的。和水体一样，土壤也具备一定的自净能力，但是当土壤中累积的重金属、持久性有机物、盐类等有害物质超过了土壤的自净能力，就会破坏土壤的结构，抑制土壤微生物活动，导致土壤板结、肥力下降、盐碱化等问题。土壤中累积的污染物最终会通过“土壤→植物→人体”，或通过“土壤→水→人体”等途径被人体吸收，间接危害人体健康。

被污染的耕地种植粮食、蔬菜等农作物，可能导致生产的粮食、蔬菜中农药、重金属、化学激素和其他有毒物质超标，危害人体健康。我国土壤环境质量状况总体不容乐观，部分地区土壤污染非常严重，尤其是耕地土壤环境质量，由于与人体健康息息相关，更是令人担忧。我国目前至少有1300万—1600万公顷耕地因农业面源污染存在土壤污染、土质酸化、土壤板结、有机质降低、肥力下降等问题。根据有关调查统计，广东省珠三角多地蔬菜重金属超标率达10%—20%；湖北省受“三废”污染的耕地面积约40万公顷，占全省耕地面积的10%；湖南省被重金属污染的耕地占全省耕地面积的25%。

人们的生活质量受到生活资料供给水平的影响，也受到生活环境的影响。随着我国经济的发展，人民的生活水平不断提高，物质资源越来越丰富，品种越来越齐全，但与此同时，生活和生产产生的垃圾、废水、废气和污染物也越来越多，环境污染问题越来越突出，降低了人们的生活质量。我国是一个农业大国，农业生产举足轻重，农业面源污染发展之快，危害之大令人难以置信。我国的农药、化肥、农膜等农业用品的使用量都位居世界前列，加之农业经营主体科技素质偏低、农村基础设施落后、农业耕作措施不当等原因导致的粗放型耕作模式，加重了我国农业面源污染。农业面源污染由于涉及范围广、控制难度大，难以较好地控制和治理，严重制约了农村地区的生态文明建设和经济发展。

总体来看，我国农业面源污染形势严峻，农业面源污染防治的紧迫性必须引起党和政府的高度重视。对于农业面源污染的治理，在宏观政策方面，政府应该统筹城乡发展，高度重视农村环保事业，加大对农村环境保护的资金投入和技术支持，保证在发展农业的同时保护农村生态环境。这就要求政府要引导农户进行科学生产，提高农户的环保意识和科技素质，也要完善相关政策法规，鼓励农户采取环境友好型生产模式。具体来说，要完善立法，制定切实可行的法律法规；改变补贴农民的方式，建议使用绿色农业补贴和其他经济激励措施；加强对农民的农业技术支持和宣传；重建农业技术推广等农业技术服务机构等。只有加强对农业面源污染的研究、治理和管理，促使其得到有效控制，才能实现农业的可持续发展，推动农村经济社会的健康快速发展。

第四章

农业面源污染的环境损害经济评估方法

中国经济正处于高速发展的时期，随着城镇化的快速推进，环境污染事件频频发生，在给社会和经济带来巨大损失的同时，也给民众的身体健康带来严重损害，尤其是农业面源污染具有不确定性强、随机性大、范围性广和防治难度大的特点，更应引起广泛重视。环境污染损害的范围相对比较宽广，涵盖了环境本身、环境健康、农业及经济等方面。故此，探索出一个能够准确地量化农业面源污染造成的三大类损失的经济评估方法，构建完备的环境损害评估体系指标，现已成为相关学科关注的重点和热点，更成为各国环境保护实践的重要前沿方向。

第一节　农业面源污染的环境损害经济评估要素构成

为科学有效地进行农业面源污染的环境损害经济评估，应先厘清经济评估中的核心要素构成，即包含评估目标、评估内容和评估思路三要素。以经济评估目标为基础，才能弄清农业面源污染的环境损害经济评估所应具有的内容。以经济评估基本内容为核心，才能在理顺各种逻辑思路的基础上形成农业面源污染的环境损害经济评估思路。以经济评估思路为依托，才能更全面、系统和有效地开展农业面源污染环境损害经济评估。因此，如图4-1所示，评估目标、评估内容和评估思路相互影响，构成农业面源污染的环境损害经济评估核心三要素。

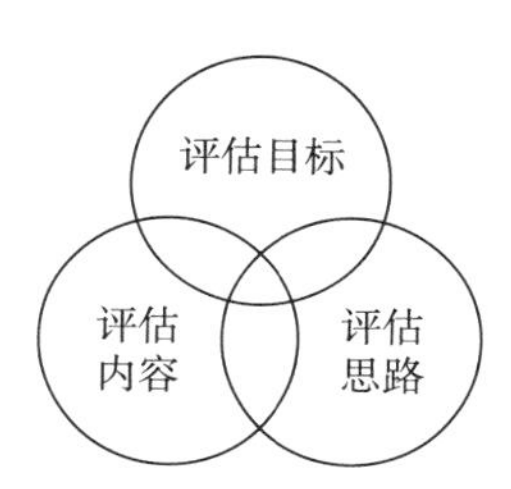

图4-1　农业面源污染的环境损害经济评估核心三要素

一　环境损害经济评估目标

一般地说，经济评估[①]就是指某具体项目对象中包含的国民经济效益的评估，具体来说，是在国家拟定的国民经济一个长远的发展目标和国家社会的需要的基础上，调查估算出影子工资、价格、汇率和社会折现率等经济指标参数，运用费用与效益分析的方法，来分析出该项目的国民经济投入与产出，从宏观上评估该项目是否是合理投资。

农业面源污染的环境损害经济评估，必须有明确的评估目标，其评估目标不仅能为环境保护日常管理提供必要决策依据，还能为寻找污染发生的原因提供方向，更为重要的是它将环境污染与经济损失联系起来，通过环境、经济、环境健康来加速实现经济损失评估的战略目标。确定经济评估目标是一切经济评估活动的起点，任何组织和团队想要进行经济评估活动都首先应该明确评估的目标。

---

①　王桂芝等：《基于投入产出模型的北京市雾霾间接经济损失评估》，《环境工程》2016年第34期。

在没有明确的目标的情况下，任何形式的经济评估活动都可能带来错误的评估结果。因此，对于环境损害经济评估，尤其是农业面源污染的环境损害经济评估，就应该首先阐明经济评估的目标。

（一）农业面源污染的环境损害经济评估总体目标

总体来看，农业面源污染的环境损害经济评估的目的是以农业面源污染造成区域的污染情况和损害为事实，认定污染与损害之间的关系，运用经济学的方法评估污染及损害带来的环境自身、经济及环境健康损害的各种损失、危害或后果，为处理环境污染引发的纠纷或相关矛盾提供技术支持，为我国环境保护部门提供决策依据与政策支持。

（二）环境损害的经济评估具体目标

对农业面源污染给环境造成的损害开展经济评估，应实现以下三个方面的具体目标：

第一，评估农业面源污染环境自身带来的损害。进一步确定其对环境损害需要恢复的程度与范围，全面评估恢复环境所需要的资金。这一过程是农业面源污染造成的环境损害的恢复所依赖的支持工具。

第二，评估农业面源污染给经济带来的损失。首先，要确定区域农业面源污染的排放量和入河量，查清农业非点源污染的主要来源和分布区域等情况；其次，运用经济学的方法，定量评估研究区域内农业面源污染所带来的经济损失；最后，确定农业面源污染所造成的损失价值。以此使政府和民众进一步认识到农业面源污染的危害，并科学地进行污染的防控与治理。

第三，评估农业面源污染给居民带来的环境健康风险及其经济损失。通过农业面源污染造成的有害因子，特别是水体中的铜、锌、铅等重金属，估算出人体暴露在这些有害因子下对健康造成的不良影响会发生的概率，进而评估该有害因子的风险水平大小。以风险度为评价指标是其主要特征，并综合分析环境受到污染的程度和人体的健康状况的内在关系，定量估算有害因子的风险。若研究区域内的污染程度超过健康危害的风险，则可以进一步利用经济学方法对农业面源污染造成的健康损害大小进行评估。

二　环境损害经济评估基本内容

农业面源污染物大量的排放、迁移以及累积造成环境污染的情况越来越严重，根据污染排放区域及其作用的过程链，空气、水体、土壤、生物等环境的各要素都受到这些污染的直接损害，同时通过环境这个媒介间接损害着人身及财物的安全，并对社会经济发展带来负面影响。长期以来，我国环境污染损害的经济评估实践尚未形成系统而全面合理的内容框架体系，其对环境污染造成的经济损失计算方法及其应用，仅仅是在宏观层面的估算，并不能满足环境自身、直接经济损失及健康损害的评估。同时，针对农业面源污染造成的环境损害的经济评估更是鲜有涉及。因此，农业面源污染物环境损害的经济评估内容应首先以区域污染的环境损害基本内涵为切入点，重点涵盖分别针对环境自身、直接经济损失及健康损害三个层面的具体评估媒介和方法。

（一）农业面源污染对环境自身损害的经济评估内容

由于生态环境系统是一个复杂的、动态的、变化的且相互协调和紧密联系的有机整体，因此用线性思维去理解和研究生态系统缺乏科学性。目前，人们在科学研究中针对生态环境系统的量化知识还不够完善，所以将农业面源污染对环境自身损害这种单一层面的污染，从经济学量化的角度去评估，往往存在很大的非客观性和偏差性，其评估结果也会带来巨大偏差。根据国外的研究进展和实践经验来看，一般在由污染造成的环境自身损害评估中，评估的主要范围为生态环境提供的清洁环境质量损害、提供的生物资源损害、提供的生境损害、提供的景观娱乐服务损害等，因此相应的污染损害评估内容为水体质量损害、空气质量损害、土壤质量损害、饮用水源损害、生物损害、生境损害和景观损害等方面。[①]

此外，生态环境从其对人类社会的功能性角度来看，除了能提供环境产品和服务外，环境资源若进入社会经济系统，还应产生相应的经济效益，如工业、工商服务业等能从以生态环境为介质资源的开发中获得经济效益。生态环境的污染因而对这些活动也会产生相应的影响，造成原本可以获取的经济效益因污染而中断或者无法获得。但对于污染造成的环境自身损害而言，这些经济效益的损失和其造成的相应社会影响均为间接损害，目前在环境损害的经济评估国际实际应用中，这部分的损害均未涉及。

因此，农业面源污染对环境自身损害的经济评估内容，应从实际角度出发，综合界定与分析。农业面源污染是指农田中的有机或无机物质（包括土粒、磷素、氮素、农药、重金属、禽畜粪便和生活垃圾等），从非特定的地点，经过降水和径流的冲刷，并随着农田的地表径流、排水和地下渗漏等作用，使得污染物进入山塘水库、径流、湖泊、海湾等受纳水体所引起污染。农业面源污染造成的环境污染范围和程度，更多地体现在区域的水体和生境中，故其造成的环境自身损害经济评估内容包括水体质量、沉积物土壤损害评估和生境损害评估。[②]

（二）农业面源污染造成的经济损失评估内容

从污染造成的社会经济损害角度来看，经济损失包括直接经济损失和间接经济损失。前者是指由于污染的行为遭受的经济效益直接减少的损失，是经济本身的灭失或损毁。后者是指由于直接经济损失带来的影响造成的可得利益的丧失，是一种因污染而带来的效益减少、资源破坏和与之关联的其他经济损失。

---

① 孙飞翔等：《台湾地区土壤及地下水污染整治基金管理经验及其启示》，《中国人口·资源与环境》2015 年第 25 期。

② 段雪梅：《平原河网区农业非点源污染负荷及经济损失估算研究》，硕士学位论文，扬州大学，2013 年。

根据姜玲等2016年在《基于多区域CGE模型的洪灾间接经济损失评估——以长三角流域为例》中指出，对于污染造成的经济和财产损害，国外为评估其经济损失，一般从不动产损害、易耗品损害、作物损害、水产损害、畜禽损害和花木损害等多个方面来衡量评估。不动产经济损失主要是从建筑物、道路和设施的污染损失方面来评估；易耗品经济损失主要是从生产资料、生活用品和图书资料等的污染损失三方面来进行评估；而对于造成包括农作物、水产品、畜禽和花木的经济损失等方面的评估，更多的是从生物死亡、产量下降和产品质量下降等方面造成的污染损失进行估算。

因此，为突出污染损害的核心问题，避免损害链的无限扩大，在本书中一般不考虑由于污染而导致的间接经济损失。对于农业面源污染对经济造成的损失评估，应在充分分析其污染源、污染物迁移路径、污染对象和污染造成的后果基础上开展，其污染损失的经济评估不应包括不动产损害和易耗品损害等方面，因此农田的土壤侵蚀、禽畜养殖、水产品养殖以及农村居民生活等多个方面的内容都应该包含在农业面源污染对经济损害的经济评估内容中。

（三）农业面源污染环境健康损害经济评估内容

健康是人类最宝贵的财富，是与生存权同等重要的人的基本权利。从法律和经济学角度看，人身健康损害就一直是环境损害经济评估的基本内容。国内外的环境污染实践中，把人身健康损害分为人身损害和精神损害两类。人身损害是重点评估内容，但由于精神损害依附于人，作为健康损害的一部分，其也开始逐渐地被纳入健康损害的范畴。

由污染而导致的人身健康损害，是基于个体接触污染物的程度和人群健康效应之间存在的暴露—反应关系发展而来的。一种污染或一次污染事件的发生，会导致污染区域居民的发病、伤残甚至死亡，与之伴随带来误工和预期寿命减少等损失。对于突发性的污染，例如，2010年山东东营3000吨毒水污染事件、2012年山西长治苯胺泄漏事件等，因其周期短且采取有效措施后可控性强，对人身健康损害的范围和程度容易辨别，较易评估其损失。但有许多污染，例如，农业面源污染，因其长期性和持久性，其污染造成的人身健康损害后果还未显现，简单运用经济学的方法去评估其对人身健康损害造成的损失是缺乏科学性且难以操作的。随着环境污染健康"可接受水平"概念的提出和数学"概率"观念的引入，国内外形成了一套评估污染带来的人身健康损害评估的方法，即环境健康风险评价。

对于农业面源污染对人体健康造成的损害程度评估，可选用环境健康风险评价方法，并在分析其污染源、污染物迁移路径、污染对象和污染造成的后果基础上开展。由于面源污染的长期性和持久性，以及研究技术的限制，本书中将农业面源污染对人身健康带来的精神损害不纳入评估范围。农业面源污染的有害因素主要有土粒、磷素、氮素、养殖饲料及农药中的重金属、生活垃圾与禽畜粪便等无机或有机物质，而从环境医学角度，真正对人身造成健康风险的因素主要为重金属。若研究区域内的重金属污染程度超过健康危害的风险，则可以进一步利用经济学方法对农业面源污染造成的健康损害大小进行评估。因此，农业面源污染环境健康风险评估内容主要为评估研究区域水体中重金属对当地居民人身健康造成的健康风险。

三　环境损害经济评估总体思路

农业面源污染的环境损害经济评估总体思路可分为农业面源污染对环境自身损害的经济评估、农业面源污染造成的直接经济损失评估和农业面源污染环境健康风险评估三部分，如图 4－2 所示，其主要步骤为在调查和收集研究区域背景资料（包括研究区域概况、农业面源污染情况、水质水文情况等）的基础上，分别对以上三个方面进行评估，在确定污染损害的范围和实物量后，最终评估污染损害的经济额度和风险水平。

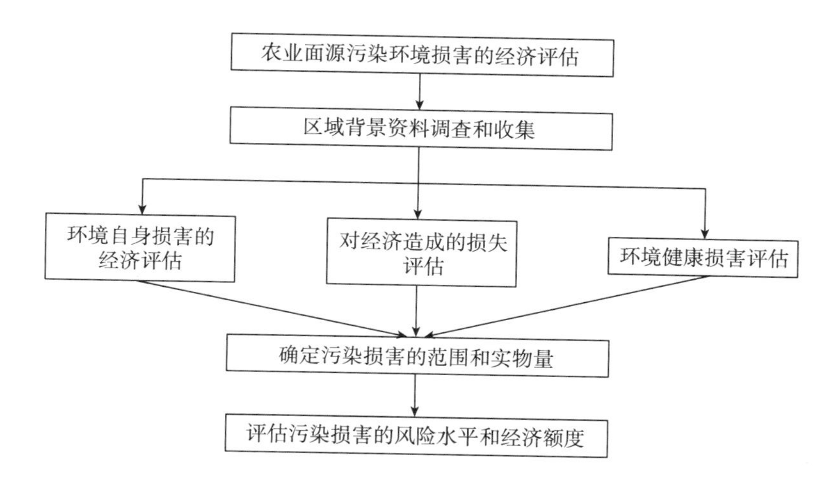

图4－2　农业面源污染的环境损害经济评估总体思路

（一）农业面源污染对环境自身损害的经济评估思路

农业面源污染对环境自身损害的经济评估，如图4－3所示。应首先确定环境的基线，然后进行环境自身损害的确认，在认定环境自身损害的空间范围和时间范围后，接着开展农业面源污染与环境自身损害间的因果关系判定、环境自身损害修复或恢复目标的确定、环境自身损害评估方法的选择、环境修复或恢复方案的筛选、环境修复或恢复费用的评估等步骤。

环境基线是指环境污染或破坏生态行为尚未发生前，受影响区域内的人体健康、财产和生态环境及其生态系统服务的基础。其中，生态系统服务是指人类或其他生态系统直接或间接地从生态系统获取收益，它的物理、化学或生物特性是生态系统服务的基础。环境自身损害的时间范围一般以区域环境污染行为发生的日期为起点，一直到该区域生态环境恢复到基线水平为止。一方面，环境修复就是在生态环境发生了损害后，采取必要的且合理的行动或者措施，以防止污染物扩散、迁移，降低环境中的污染物浓度，降低环境污染所造成的生态风险或人体健康风险，使得风险水平为可接受水平。另一方面，生态恢复是指生态环境损害发生后，为将其物理、化学或生物特性及其提供的生态系统服务恢复至基线状态，同时补偿期间损害而采取的各项必要的、合理的措施。

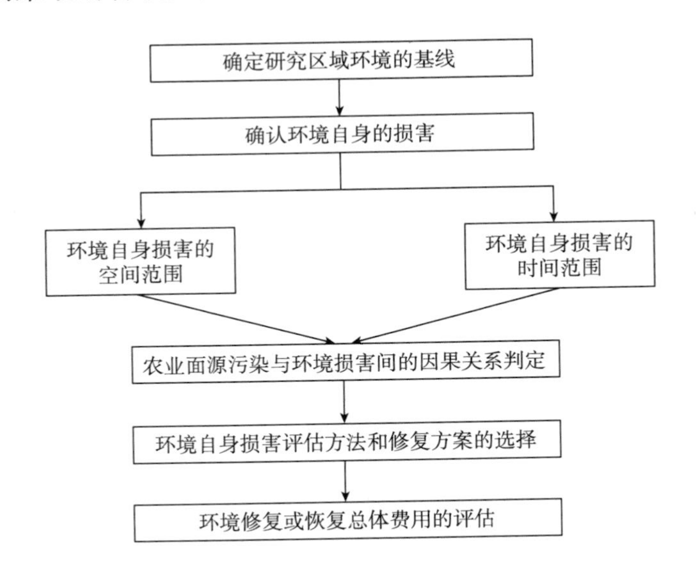

图4-3　农业面源污染对环境自身损害的经济评估思路

（二）农业面源污染直接经济损失评估思路

对农业面源污染造成的直接经济损失的评估包括农田土地侵蚀经济损失评估、畜禽养殖经济损失评估、水产养殖经济损失评估和农村生活污染经济损失评估四个方面，如图4-4所示。开展直接经济损失评估，应依据研究区域的实际情况，选择合适的评估模型，并收集该模型所需要的具体资料。因为农业面源污染具有随机性、分散性、模糊性以及累积性等特征，再加上污染的监测和量化都相对困难。本书将采用资料易得、计算简明的Johnes输出系数法对农业面源污染对农业经济造成的损失进行评估。根据Johnes输出系数模型的要求，在评估过程中应调查收集关于农产品种植、畜禽及水产的养殖和村民日常生活情况等信息，再通过各种污染源的一系列指标值，例如排放系数、入河系数、土壤侵蚀模数以及肥料的价格等，确定该模型计算的参数值。

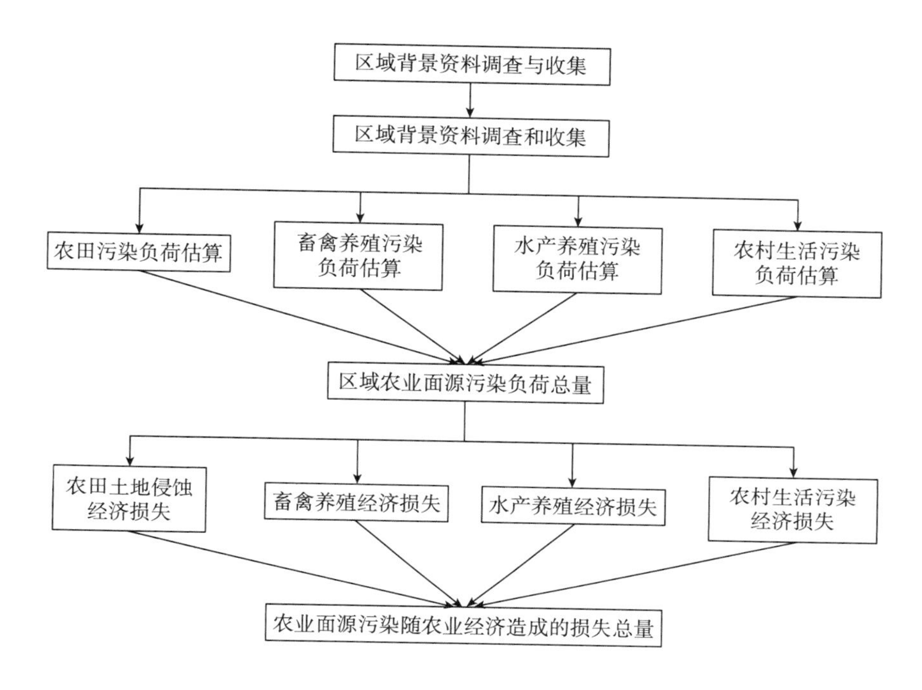

图4－4　农业面源污染直接经济损失的评估思路

随后，对研究区域农业面源污染负荷进行总体估算，并分别估算农田、畜禽养殖、水产养殖和农村生活四个方面的污染负荷量，通过模型计算进而评估研究区域农田土地侵蚀、畜禽的养殖、水产品的养殖和村民生活的污染等方面受到损害的经济损失。

（三）农业面源污染环境健康损害评估思路

农业面源污染环境健康风险评估是把污染与当地居民健康联系起来的一种评估方法。它是通过估算农业面源污染中的有害因子，例如，当地农民喷洒的农药和养殖饲料中的重金属，对人体产生不良影响的概率。其主要特征是以风险度即风险概率作为重要衡量指标，定量地描述农业面源污染物对当地居民身体产生的健康危害。

农业面源污染环境健康风险评估思路主要以美国国家科学院（NAS）提出的广泛用于空气、土壤和水等环境介质中有害因子的人体健康风险评估四步法为依据开展，即风险危害的识别、剂量—反应评估、暴露评价和风险表征四个阶段。其中，危害识别是确定有害因子风险源的性质及强度，判断其能造成的不利影响。剂量—反应评估是风险评估定量的依据，是对有害因子的暴露水平与暴露人群健康效应发生概率间的关系定量估算的过程，如图4－5所示。暴露评价是定量计算暴露量、暴露频率、暴露时间和暴露方式的方法，包括表征暴露环境、确定暴露途径和定量暴露三个部分。风险表征是以风险危害的识别、剂量—反应评估和暴露评价三个阶段所获得的数据为依据，最终估算某种健康效应发生的概率或者可能产生的健康危害的强度，其包括有害因子的风险大小定量估算和风险评估结果评价两个步骤。若通过计算，发现研究区域由于农业面源污染导致的重金属健康风险发生的概率大于阈值1，则要从污染健康损害的经济评估角度，估算损害（主要包括医疗费用和早亡伤残等）的经济损失。

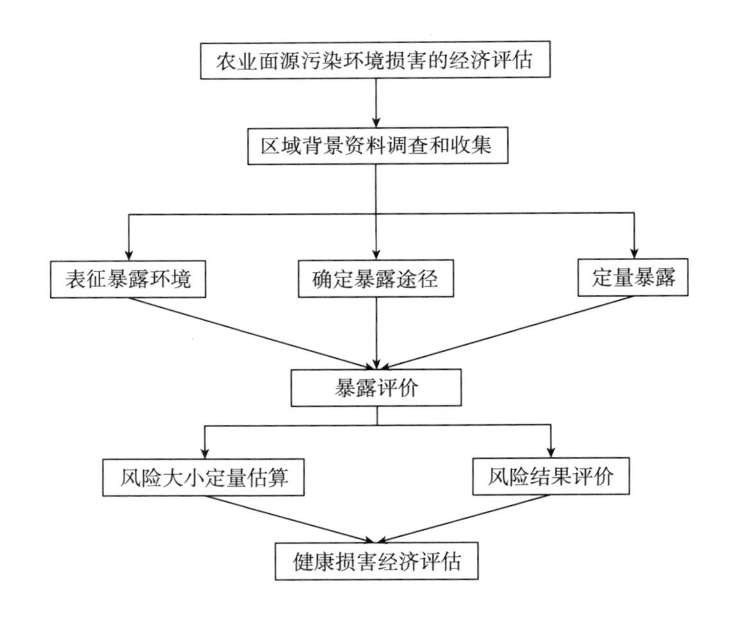

图4－5　农业面源污染环境健康损害的经济评估思路

第二节　环境自身损害的经济评估方法

环境自身由于农业面源污染造成损害的经济评估方法，其核心是将其污染对环境自身造成的损害货币化问题，具体应包含两部分：第一，确认环境自身损害的物理量度量。该部分是指由农业面源污染而引起的环境自身损害的大小和物理程度，包括研究区域环境基线的确认、环境自身损害的确认（空间范围、时间范围和程度）、农业面源污染与环境损害间的因果关系判定三个核心步骤。第二，建立环境自身损害的物理量与价值量之间的衡量关系，将损害的物理量统一用货币的或经济损失的形式表现出来，包括环境自身损害评估方法的选择、环境自身损害修复或恢复目标的确定、环境修复或恢复方案的筛选、环境修复或恢复费用的评估四个核心步骤。

（一）环境基线的确认

环境基线即环境基线值，是指某一区域在一定时间内未直接受污染的情况下，其环境要素的基本化学成分的含量。它包括区域内全球环境污染的影响（如大气污染物的飘移沉降）和非工业活动的影响（如施用化肥和农药），它所反映的是特定时空内未直接受污染的环境质量状况，是一个较长的时间和较大的范围内其物质相互作用、动态平衡的状态。作为环境质量的研究的基础资料，一般环保部门会每隔一定周期年份重新测量和确定一次。

国家环保部2014年发布的《环境损害鉴定评估推荐方法（第Ⅱ版）》中的技术指导中指出，环境基线值与环境背景值的算法相似，是用其算术平均值加减一个标准差得出。如果污染不严重，其算术平均值与标准差相差较小；而污染严重，这个差值就比较大。

环境基线的一般确定方法如下：

1. 历史数据法

运用环境污染或生态遭到破坏之前研究区域的历史资料和数据，其包括环保部门的环境监测数据、环境专项调查、统计报表、历史资料和学术文献等能够收集和反映该区域生态环境基本状况、人群总体健康情况和环境污染财产受损情况的数据。

2. 对照区域法

利用环境“对照区域”的数据，将与研究区域生态环境相似、未受环境污染或生态系统破坏的地方作为对比参照，其环境要素的基本化学成分含量即为研究区域的环境基线。但此方法对“对照区域”与研究区域的地理环境、人群分布特征、生态系统服务功能和服务水平等重要的环境特征具有类似性和可比拟性。

3. 模型推算法

若前述历史数据法和对照区域法均无法满足研究区域环境基线值的确认，可利用污染物浓度与人群总体健康状况、环境污染财产受损程度、区域生物丰度或生物量等损害评价指标之间的剂量—反应关系模型的推算来确定基线值。

（二）环境自身损害的确认

农业面源污染环境自身损害的确认，首要问题是界定损害的时空边界即时间范围和空间范围。然后在此基础上，依据环境基线值，确定环境自身损害的程度。①

1. 时间范围的确认

与农业面源污染直接经济损害和环境健康风险评估的时间范围不同，环境自身损害的时间范围应以农业面源污染的大规模发生或生态系统遭受大规模破坏为起点，一直持续到受污染区域的生态环境及其生态环境服务功能恢复至该区域环境基线值为止。

---

① 环境保护部办公厅：《环境损害鉴定评估推荐方法（第Ⅱ版）》，2014 年 10 月。

2. 空间范围的确认

农业面源污染环境自身损害空间范围的确认是一个复杂的和系统的过程，它既需要应用到环境现场调查、环境监测、生物监测等环境技术，又需要运用先进的GIS遥感分析技术或模型预测技术，然后在此基础上开展相应的损害确认，进而为农业面源污染与环境损害的因果关系判定打下坚实基础，也为最终确认环境自身损害的环境修复或恢复奠定依据。

3. 环境自身损害的确认

农业面源污染造成的环境自身损害的确认，在时间范围和空间范围确定的基础上，依照环境基线值，应针对以下六个方面展开：

（1）环境介质污染物浓度升高。研究区域内大气、水（地表水和地下水）和土壤等环境介质中污染物浓度超过环境基线值的水平或国家及地方的相应环境质量标准，且造成的生态环境影响若不采取相应措施很难在一年之内恢复至原有状态。

（2）关键物种死亡率上升。农业面源污染造成研究区域环境污染或生态环境破坏后，与环境基线值对比，该区域内生活的关键物种死亡率的差异存在统计学意义。

（3）关键物种种群数量减少。农业面源污染造成研究区域环境污染或生态环境破坏后，与环境基线值对比，该区域内生物的关键物种种群生物总量或种群密度减少的差异具有统计学意义。

（4）生物物种发生变化。农业面源污染造成研究区域环境污染或生态环境破坏后，与环境基线值对比，区域生物多样性和动植物的物种组成等有较大差异且具有统计学意义。

（5）生物身体变形。农业面源污染造成研究区域环境污染或生态环境破坏后，与环境基线值对比，部分生物表现外表畸形、骨骼变形或内部器官及软组织畸形，从病理学水平的损害的水平差异具有统计学意义。

（6）环境自身损害的其他情形。

（三）农业面源污染与环境自身损害的因果关系判定

农业面源污染与环境自身损害的因果关系判定，是指在实地调查和环境监测的基础上，识别出农业污染源、污染扩散物及受污染环境自身，找到污染源和损害受体间的扩散途径，从中确立两者之间的因果关系，最后与环境基线值进行对照，为环境自身损害的确定和环境修复或恢复提供依据。它的因果关系判定的逻辑链如下①：

农业面源污染物→污染源的排出→经过媒介的扩散→到达损害受体→环境自身发生损害

科学地说，若能判定该逻辑链，则农业面源污染环境自身损害的因果关系才能成立。

1. 农业面源污染与环境自身损害的因果关系的判定步骤

第一，识别存在的污染源和污染物；第二，确认污染造成的损失；第三，建立污染的扩散路径；第四，证明污染物与环境自身损害结果之间的关联性。

2. 环境污染暴露与环境自身损害间的因果关系判定的四点依据

（1）顺序性依据。环境暴露和环境自身损害间具有时间先后顺序，即环境暴露发生在前，环境自身损害发生在后。

（2）合理性依据。环境暴露和环境自身损害间的关联应具有合理性，即由污染引起的环境暴露导致环境自身损害可在生理学、病理学和毒理学上做出合理解释。

（3）重复性依据。环境暴露和环境自身损害间的关联应具有一致性，即由污染引起的环境暴露和环境自身损害在不同时间、地点和对象中能够得到重复性验证。

（4）特异性依据。环境暴露和环境自身损害间的关联具有特异性，即环境自身损害是发生在特定的环境暴露条件下，非其他因素

① 唐小晴、张天柱：《环境损害赔偿之关键前提：因果关系判定》，《中国人口·资源与环境》2012 年第 22 期。

所导致。但是在实际评估中，环境暴露和环境自身损害往往可能存在单因单果、单因多果和多因多果等复杂因果性关系，因此特异性依据在农业面源污染环境暴露和环境自身损害因果关系判定中应不作强制依据。

3. 暴露路径的建立和验证

在明确农业面源污染源状况、研究区域环境质量基本概况等基础资料的基础上，提出污染来源的假设，并通过以下标准开展暴露路径的建立和验证[①]：

（1）存在明确的污染来源和污染排放。区域研究中有直接和间接的证据表明污染物的排放的确来自某一污染源，例如，实地调研、环境监测、统计报告或文献资料等。

（2）环境介质中确实存在污染源排放的污染物。其具体表现为大气、土壤和水（地表水、地下水）等环境介质中存在污染源排放的污染物，且与污染源产生或排放的污染物及其转化产物一致。

（3）环境自身发生暴露。其具体表现为大气、土壤和水（地表水、地下水）等环境介质中的污染物浓度超过环境基线值或区域环境质量标准。

（4）可识别暴露单元的暴露路径。对于每个暴露单元，可以有效识别其完整而又具体的暴露路径：污染物浓度、污染物的迁移机制和路线、暴露范围等。另外，也可以运用同位素示踪技术和污染扩散模型等环境和经济手段，采用半定量或定量的研究方法，建立并验证污染物从污染源经污染途径到环境介质的暴露路径。

（四）环境自身损害的评估方法

1. 环境损害的货币化与恢复

对农业面源污染造成的环境自身损害进行评估，其目的是使环境资源受到损害之后进行恢复。该评估方法就是计算得到污染所导

① 环境保护部办公厅：《环境损害鉴定评估推荐方法（第Ⅱ版）》，2014 年 2 月。

致的环境自身的损害，并将所造成的具体损害货币化，最终得到具体的损失金额的方法。因此，该评估方法是达到环境污染自身损害货币化的核心，在整套的经济评估方法中有着不可代替的决定性作用。

根据国家环保部2014年发布的《环境损害鉴定评估推荐方法（第Ⅱ版）》中的技术指导，对于一般的环境损害鉴定评估方法包括替代等值分析法和环境价值评估法。

2. 替代等值分析法

替代等值分析法是一种工程类的评估方法，又称恢复方案式评估方法，其包括资源等值分析法、服务等值分析法和价值等值分析法三种。其基本原理是通过工程的方式对污染区域采取清除措施或恢复措施将该区域污染损害后的环境服务水平恢复到环境的基线状态，然后根据工程方案的实际花费来计算损失该赔偿的金额的评估过程，该过程方法在实施中又分为基本恢复阶段和补偿恢复阶段。

在此需要特别指出的是“损”表示因环境污染或生态破坏而使环境或资源遭受的损失数量，因生态环境的损害会对许多物种的栖息地、生态系统环境功能及人类的使用价值和非使用价值带来不利影响，故损害表现的形式往往是多方面的。

替代等值分析法评估环境污染造成的损害前提为量化环境期间损害。期间损害的大小取决于环境恢复方案的恢复路径和恢复时间，即所选择的恢复方案一定程度上决定了环境资源量和服务量的期间损害量。如图4-6所示，期间损害量的计算高度依赖于对受影响区域采取的恢复方案类型：若采取自然恢复措施，受损的资源与服务恢复到基线状态需要较长时间，相应的期间损失量较大，期间损害量为图中A+B区域；若采取人工恢复措施，受损的资源与服务可以较快地恢复到基线状态，相应的期间损害量较小，期间损害量为图中A区域。

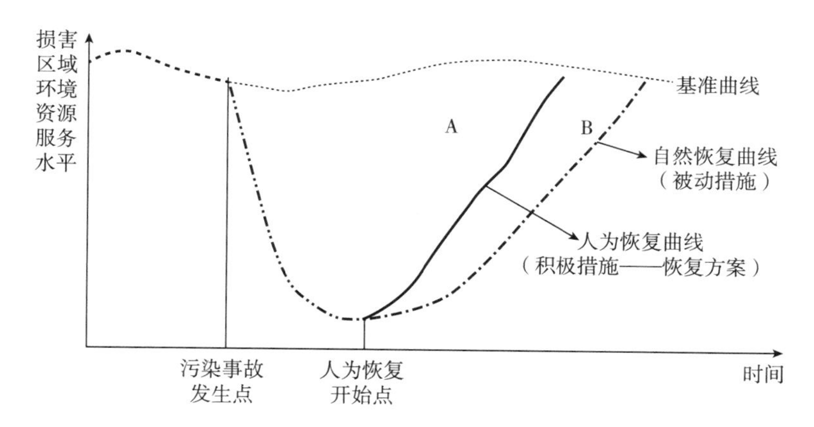

图 4－6　环境的恢复过程

资料来源：笔者根据环境保护部办公厅 2014 年发布的《环境损害鉴定评估推荐方法（第Ⅱ版）》整理所得。

（1）资源等值分析法。资源等值分析法是将环境的损益以资源量为单位来衡量，通过建立生态环境破坏或环境污染所导致资源损失的折现量以及采取恢复环境服务水平至基线状态中恢复资源的折现量之间的等量关系来确定生态恢复的规模。其常用的计量单位为鱼或鸟类的种群数量、水资源量等。

（2）服务等值分析法。服务等值分析法是将环境的损益以生态系统服务为单位来表征，通过建立生态环境破坏或环境污染所致生态系统服务损失的折现量与采取恢复环境服务水平至基线状态中恢复生态系统服务的折现量之间的等量关系来确定生态恢复的规模。其常用的计量单位为生境面积、服务恢复的百分比等。

无论是资源等值分析法还是服务等值分析法，期间损害的计算关键是要预测受损的资源和服务在损害发生到恢复基线这段时间内每年受损的资源和服务量的大小。期间损害为在受损的期间内每年资源损失或服务损失贴现量的加总。计算公式为[①]：

① 韩秋影等：《广西合浦海草床生态系统服务功能价值评估》，《海洋通报》2007 年第 3 期。

$$H = \sum_{t=0}^{n}(Rt \times dt) \times (1 + r)^{(T-t)} \tag{4-1}$$

式中：

H：期间损害量。

t：评估期内的任意给定年（0—n），$t=0$ 表示起始年，是损害开始年或损失计算起始年；$t=n$ 是终止年，是指不再遭受进一步损害（或者通过自然恢复达到，或者通过基本恢复措施达到）的年份。

T：基准年，也叫贴现年，一般是进行损害评估的年份。

Rt：受影响资源或服务单位数量。对于资源，该参数可能是个体数量、生物量、寿命值、子女数量、能量、生产率或对生物或生态系统具有重要影响的其他量度。对于服务，该参数可能是受影响的栖息地面积（公顷），也可能是河流长度或其他栖息地的面积等。

dt：损害程度，指资源或服务的受损程度，用选择的量度衡量。损害程度随时间变化，可以是损害的个体数量，对于亚致死效应而言，也可以是预期寿命或生物数量的减少。如果损害的资源单位数量涵盖了亚致死概念，则不需要将其受损程度单列出来。

r：现值乘数，推荐采用2%—5%。采用现值系数对过去的资源或服务损失进行复利计算和对未来的资源或服务损失进行贴现计算。

（3）价值等值分析法。价值等值分析法分为价值—成本法和价值—价值法①。价值—成本法首先估算受损环境的货币价值，进而确定恢复行动的最优规模，恢复行动的总预算为受损环境的货币价值量。价值—价值法是将恢复方案实施所得到的环境资源的价值进行贴现，然后与受损环境资源价值的贴现值进行对比，此方法需要将恢复方案实施所带来的效益与受损环境资源的价值货币化。

环境等值分析法要根据具体的环境资源类型，选用合适的环境自身损害经济价值的量化模型。一般地说，环境资源价值包括环境

---

① 环境保护部办公厅：《环境损害鉴定评估推荐方法（第Ⅱ版）》，2014年2月。

的使用价值以及非使用价值，而选择价值、直接使用价值以及间接使用价值都属于环境资源的使用价值。选择价值是指可以被人类选择现在还是将来使用的那部分生态价值，例如，已探明的石油、矿产等资源；直接使用价值是指环境中直接可使用的实物或服务，例如：各类水资源、矿产或环境容量等；间接使用价值是指人类并不从对环境资源的直接使用中获取而是间接从环境资源的服务中获得的益处，例如，森林资源的水土保持、气候调节、物质循环等生态功能。生态环境资源的非使用价值是指生态环境本身存在的价值，包括人类知晓环境资源继续存在而得到的满足感。

由于农业面源污染影响的环境资源既涉及环境资源的使用价值，又涉及环境资源的非使用价值，因此运用价值等值分析法时需选择不同模型：以使用价值为主的环境价值量化模型和以非使用价值为主的环境价值量化模型。

以使用价值为主的环境价值量化模型，其公式可表示为①：

$$H = \sum_{t=0}^{n} [(Q_{nt} \times P_{qn}) + (Q_{lt} + P_{ql})] \times (1 + r)^{(T-t)} \quad (4-2)$$

式中：

H：期间损害量；

t：评估期内的任意给定年（0—n），$t=0$ 是起始年，是损害开始年或损失计算开始年；$t=n$ 是终止年，终止年是不再遭受进一步损害（或者通过自然恢复达到，或者通过基本恢复措施达到）的年份。有时因预计资源不可恢复而没有预计的终止年。

T：基准年，现值计算使用的年份，一般是进行损害评估的年份。

Q_{nt}：是损失的资源或服务的单位数量。可以是娱乐使用天数（如钓鱼、海滩旅行、划船），或使用该资源或服务的公众所认可的其他某种量度。

① 唐小晴：《突发性水环境污染事件的环境损害评估方法与应用》，硕士学位论文，清华大学，2012 年。

P_{qn}：是资源或服务的单位经济（货币）价值；是与人类使用损失有关的单位价值（用货币衡量）。可能是一个钓鱼日的价值或避免患癌症风险增大的价值。一般根据现有文献或数据收集来估计此价值。

Q_{lt}：是在质量降低状态下使用的资源或服务的单位数量；它不是完全失去，而是作为质量较低的资源或服务来提供。例如，有些人可能仍在被污染的现场钓鱼，但是他们从垂钓中获得的价值会减少。

P_{ql}：是在质量降低状态下的资源或服务的单位经济价值；例如，因生态环境损害导致捕获率下降，进而使某地垂钓价值下降。一般根据现有经济文献或主要数据收集（如调查）对此价值进行评估。

r：现值系数，建议采用2%—5%。

当环境主要表现为非使用价值时，通常利用支付意愿法或接受意愿法进行环境资源经济价值的评估。由于支付意愿或接受意愿表现为防止受到损害而愿意支付一次性付款，或愿意接受损害而接受一次性付款，可能需要贴现，也可能不需要贴现。如果调查问卷中的问题，要求被调查人填写经过贴现计算的一次性付款，则不需要贴现；如果被调查人填写的一次性付款是现值，则需要贴现。假设不需要贴现，以使用价值为主的环境价值量化模型，其公式可表示为①：

$$H = \sum_{t=0}^{n} (\Delta Q_{nl} \times P_{nl}) \tag{4-3}$$

式中：

H：期间损害量。

t：评估期内的任意给定年（0—n），$t=0$ 是起始年，是损害开始年或损失计算开始年；$t=n$ 是终止年，终止年是不再遭受进一步

① 赵军等：《环境与生态系统服务价值的WTA/WTP不对称》，《环境科学学报》2007年第5期。

损害（或者通过自然恢复达到，或者通过主要恢复措施达到）的年份。有时因预计资源预计不可恢复而没有预计的终止年。

T：基准年，现值计算使用的年份，一般是进行损害评估的年份。

Q_{nl}：资源或服务随时间的变化，此参数可以是资源/服务因损害引起的总变化的定性描述。该描述通常包括初始基线水平、与基线的差距和回到基线状态的恢复路径，包括基本恢复措施和/或补充性恢复措施。

P_{nl}：资源或服务变化的价值，它是人们赋予环境资源/服务变化的价值（货币衡量）。一般根据人们对预防环境变化的支付意愿（WTP），或不希望变化的接受意愿（WTA）。此价值考虑了资源和服务的损失程度以及资源恢复路径和时间。一般根据现有文献或调查来估计此价值。

3. 环境价值评估法

环境价值评估法是评估污染造成的环境自身损害的另一大类方法，又称环境经济类评估方法，按照经济合作与发展组织（OECD）推荐使用的分类方法，该方法又分为四大类：市场价格法、揭示偏好法、陈述偏好法和效益转移法。这些方法按照人类获得的环境价值途径分类，因生态资源环境的服务功能一般情况下作用于某个具体的对象，所以应根据具体的对象以及具体的数据条件情况下选用适当的经济评估方法。

（1）市场价格法。部分环境资源是有着其相对稳定的市场价格，因此就可以利用这个市场价格来确定赔偿的金额，这即市场价格法[①]，具体来说就是直接地利用那些受到环境污染而出现不良影响的物品或服务，它们具有的相关市场价格信息，来相对确定环境受到污染影响的质量的变化，具体操作可分为人力资本法、

① 王伟、周其文：《基于直接市场法的农业环境污染事故经济损失估算研究》，《生态经济》2014 年第 1 期。

生产函数法、恢复费用法等。人力资本法则是指通过计量劳动力质量及数量受到环境属性的影响变化来估算其自身价值；生产函数法认为，环境资源是一个生产的要素之一，当污染事故的发生使得环境的质量产生不良影响，那么作为生产要素的另外几个要素，如产出水平和利润，就会随之发生变动，而这些变动就会直接地用来评估环境资源受到污染导致的经济损失；恢复费用法则是指在环境受到污染损害后，计量其恢复方案实施所需要的花费来确定环境损害的价值。

市场价格法[①]计算公式可以表示为：

$$L_{stat} = \sum_{i=1}^{n} P_i \times N_i \quad (4-4)$$

式中：

P_i：第 i 类受损的环境资源单价，单价即其市场单位价格，当无该资源市场价格信息时，可参照类似资源估算。

N_i：第 i 类受损的环境资源数量。若因为污染事故而造成损失的物品或服务可以直接估算得到，且分布相对集中，就可以直接计量；否则，可以采取研究区域内随机取样的方式来估算。

在可以得到自身或类似资源的市场价格的情况下，进行环境自身损害评估，适合选用该方法。除此之外，还有如下的情况：当污染源对环境资源的不良影响可以直接观察或者实际采用得出，环境损害的受体或相似受体的市场相对完善，则对应的资源损害的价值清晰。

（2）揭示偏好法。揭示偏好法[②]，又称替代市场法，是一种非市场评价法，简单来说就是在调查得到具体的能影响环境质量的物品或服务人们愿意付出的价格信息，以此对比人们对它们的偏好性，

---

① 胡超：《中泰农产品市场一体化水平的测度——基于价格法的检验》，《国际经贸探索》2013 年第 10 期。

② 徐大伟等：《流域生态补偿意愿的 WTP 与 WTA 差异性研究：基于辽河中游地区居民的 CVM 调查》，《自然资源学报》2013 年第 28 期。

进而间接估量出受到污染事故影响的环境质量的变化的经济损失，一般具体操作有工资差额法、防护支出法、旅行费用法等。

经过研究大量的有关游客对景点的询问率以及到景点之间的旅行距离等相关信息，可以得到其中内在规律的经验方程。旅行费用法就是利用这些经验方程，建立起景点的旅游需求曲线，求解出游客到景点旅游的总效益，间接地评估出环境受到污染事故影响的经济损失。[①]

该方法的评估步骤如下[①]：

首先，评估在没有出现污染事故时，旅游景点的经济价值 V_f：①发放问卷，对研究的景点内的游客进行抽样调查；②分析整理调研数据，对游客的归属地划分区域；③统计分析各分区的游客量，以计算其旅游率；④寻求其中内在规律的经验方程，应综合运用各分区的旅游率、旅行费用以及其他相关变量（一般只考虑个人收入）等参数；⑤根据以上经验方程，拟合出景点的需求曲线；⑥根据所得的需求曲线，算出消费者剩余和旅行者支出；⑦将上一步得到的两个值加起来，得到游客的支付意愿，即为所求景点的经济价值。

其次，评估在污染事故损害发生之后，旅游景点的经济价值 V_n：具体计算操作过程可以参考上一步的详细步骤。

最后，将前面两步得到的两个经济价值相减，就可以得出污染事故造成的旅游景点的经济损失 $\Delta V = V_f - V_n$。

该方法适用于农业面源污染造成的商业旅游景点的损失或一些还没有被开发的环境旅游景点，如一些湿地公园、国家公园、人们户外运动的大山之类的自然生态环境。该方法要完成研究区域内一些走访及调研工作，就需要一些人力、资金和时间的投入。

（3）陈述偏好法。在环境中存在的一些不用于市场交易，也没有办法间接估算出其市场价格的一些环境物品和服务，这种情况下，

---

① 谢贤政、马中：《应用旅行费用法评估黄山风景区游憩价值》，《资源科学》2006 年第 3 期。

要评估其价值就可以选用陈述偏好法①，具体操作时又分为条件估价法和联合分析法。设计调查问卷，进行抽样调查问卷，整理所得的调查结果，并用效益—费用分析法来进行分析，找到消费者在具体不同的环境资源条件下的等价剩余或补偿剩余，这种方法就是条件估价法。

该方法的具体操作步骤如下：

第一步，设计评估方案，确定具体的评估目标；

第二步，设计抽样调查的问卷；

第三步，实施具体的抽样调查；

第四步，对调查结果进行数据统计分析；

第五步，得出评估结果并进行分析。

条件估值法在使用时是适合用在绝大多数类型的环境资源的价值估算上，然而，因为该方法在使用时，若使用者本身能力不够，则容易导致较大的不确定性，并且评估过程需要有足够的资金、人力和时间，因此该方法至今仍存在许多争议。

（4）效益转移法。当缺乏评估的对象的一些必要信息，当时也没有条件获得时，可选用效益转移法②，参考相类似的对象，即环境社会经济等条件相似，已经完成的研究结果来估算该对象的环境损害金额。可以说效益转移法是一种辅助型的、间接的经济评估方法。例如，当我们想要评估国内某个城市的饮用水源地发生污染事故之后产生的经济损失，但又没有该城市的一些必要信息，也没有条件获得，就可以参考某个已经完成了的、国外的某个城市的饮用水源地发生了污染事故，造成的经济损失的评估结果，依据该城市的大小和人口密度等差异性对该评估结果做出相应的一些调整，进而将调整后的结果应用于该城市。在上例中，被参

① 赵卉卉等：《中国环境损害评估方法研究综述》，《环境科学与管理》2015年第7期。

② 韩秋影等：《广西合浦海草示范区的生态补偿机制》，《海洋环境科学》2008年第3期。

考的对象城市就是“参照地点”，需要评估的地点称为“待分析地”。

（5）各类环境价值评估法的适用小结。一般地说，人们对环境资源物品或服务是会有着各自的不同偏好，也就有着不同的支付意愿，市场价格法、陈述偏好法、揭示偏好法都属于利用人们的这种偏好或支付意愿来进行环境价值评估的方法。每种不同的环境价值评估方法在实际的评估过程中都会出现大大小小的误差或争议。相对来说，出现的误差或争议相对大小顺序如下：陈述偏好法 > 揭示偏好法 > 市场价格法。而对于效益转移法，首先需要收集大量真实有效的环境价值经济评估实证研究结果，才能够实际实施该方法，因此，虽然此方法可以不受时间、成本及研究环境等条件的影响，但是国内研究环境价值经济评估的时间还不是很长，存在的实证研究结果资料不多，使得该方法难以在中国广泛地推广使用。另外，不同的环境损害经济评估方法还有其不同的适用对象，详细可见表4－1。

表4－1　各类环境价值评估法的适用小结

方法	分类	适用条件
市场价格法	生产函数法	市场价格较易获得的农业、林业、渔业等的环境污染损失评估
	恢复费用法	计算污染造成的大气、水、土壤等资源的修复或恢复
	人力资本法	环境污染对人类健康造成的影响，如患病、死亡等
揭示偏好法	旅行费用法	评估市场价格不易获得的自然景点或公园
	防护支出法	评估企业生产、服务业生产、居民正常生活等的影响损失
陈述偏好法		某些环境服务没有市场交易，也无法通过其他方式与市场价格建立联系的情况，但需要大量的调研走访和经济学文献数据作支撑
效益转移法		与研究区域具有类似环境社会经济条件且已开展相关环境损害经济评估

资料来源：笔者根据环境保护部办公厅2014年发布的《环境损害鉴定评估推荐方法（第Ⅱ版）》和阮氏春香2013年发表的《条件价值评估法在森林生态旅游非使用价值评估中范围效应的研究》整理所得。

第三节　农业面源污染直接经济损失的评估方法

农业面源污染对造成的直接经济损失评估包括农田土地侵蚀经济损失评估、畜禽养殖经济损失评估、水产养殖经济损失评估和农村生活污染经济损失评估四个方面。对于农业面源污染造成的直接经济损失的评估，段雪梅等（2013）采用污染负荷的定量模型，对浙江省的部分区域开展了研究，具有较强的借鉴意义。该方法分为农业面源污染负荷评估和污染直接经济损失评估两个阶段。

一　农业面源污染负荷评估方法

面源污染负荷的估算原理可分为三类：第一类是经过实验实际检测出河流污染物的总负荷以及该点源负荷，由两者之间的差值估算得到面源污染负荷；第二类是通过测定河流汛期的面源污染的平均浓度和汛期的径流量相乘得到；第三类的具体计算过程是：单位污染排放负荷乘上污染源总量，再乘以河流相应的流失系数。此三类估算原理相对应的农业面源污染负荷评估方法为总量分割法、径流分割法以及输出系数法。①

（一）总量分割法

河流中的污染物一般不划分为点源污染物就会被划分为非点源污染物，污染物总负荷也可以表示为点源负荷、非点源负荷的全集，故非点源负荷可等于污染物总负荷减去点源负荷的值。

总量分割法的计算原理相当简单，但是真正用于实际计算时却没有那么容易实现。在中国，存在很多的小企业，特别是乡镇小企业，其污染的排放因为还没有被监控到，也就没有被算入点源负荷

① 董宇虹等：《濑溪河泸县境内农业面源污染综合评价》，《四川农业大学学报》2012 年第 30 期。

的结果，那么得到的点源负荷值相对偏低。而且按照原理，从管道口排出的没有经过处理的污水应该划分为点源负荷，但是目前国内一般并不是这样做的，因而得到的点源负荷值更加偏低，最终用这个方法估算出来的非点源负荷将偏高。

（二）径流分割法

丰水期，流域内的径流流量较大流速较急，相对容易引起农业的面源污染，而枯水期流域内的径流流量较小流速较缓，一般不会引发面源污染，而是出现点源污染。丰水期流域的流量以及流域内所含的污染物的浓度可以直接测定，而这两个测定值可以用于计算污染物引发面源污染的总负荷；同样，枯水期流域的流量以及流域内所含的污染物的浓度也可以直接测定，而这两个测定值则可以用于计算点源负荷；将前后两个值相减，即可以得到非点源负荷的值，这种方法称为径流分割法。

该方法的计算原理也相当简单，而真正用于实际计算时还是存在着一些不足。在枯水期，河流中会容纳沉积很多点源污染物，并在强降雨时或丰水期，随着流量大流速较急的径流而流向下游。另外，为求经济的发展，一般的大河流域总会存在着多处梯级水库，而因水库的存储功能，水体里一般容纳沉积了很多点源污染物，并在泄洪等大流量时随径流流向下游。上面的这两种情况都容易错误地将其中的点源负荷划分为非点源负荷，使得点源负荷估算值偏低，同时最终求得的非点源负荷将偏高。

（三）输出系数法

污染物输出系数就是指单位时间单位面积的负荷量，单位是千克·公顷/年，简单来说，在确定的土地利用方式下，在单位时间内，把估算得到的输出的污染物总负荷进行标准化。而输出系数法简单来说就是利用污染物系数来估算污染物总负荷的方法，属于集总式的估算方法。输出系数法的具体计算方法由输出系数模型实现，输出系数模型运用半分布式的途径来计量流域的总氮、总磷和化学需氧量等年均污染总负荷，并进行数学加权的公式计算，本质上就是一个分布式的集总模型。

1. Johnes 输出系数模型

不同的土地利用类型产生的污染物输出是不一样的，但原始的输出系数模型并没有考虑到这个因素，选用的输出系数都是同一个。而后来的 Johnes 等就注意到这个影响因素，在原始的输出系数模型上优化改进，提出具体的作物类型使用相应的输出系数。同时，还考虑禽畜和人口两个影响因素，并研究给出了各自相应的输出系数。对于人口这个影响因素，其输出系数由人们生活中排放的污水的量和污水的处理率来计算得到。最后还增加考虑了植株的固氮作用和氮的空气沉降这两个影响总氮输入的因素，改进优化了模型。

Johnes 输出系数模型的具体计算公式如下：

$$L = \sum_{i=1}^{n} E_i [A_i(I_i)] + P \qquad (4-5)$$

式中：

L：营养物流失量（千克/年）；

E_i：第 i 种营养源输出系数（千克・公顷/年）；

A_i：第 i 类土地利用类型面积（公顷）或第 i 种牲畜数量、人口数量（人、头或只）；

I_i：第 i 种营养源营养物输入量（千克）；

P：降雨输入的营养物数量（千克/年）；

E_i：流域内不同营养源的营养物输出率。

一般来说，牲畜的排泄物是直接进入自然环境中的，但也存在被人们收集和储存起来的，其间就有氨的挥发，故此时 E_i 只估算牲畜的排泄物直接进入研究流域的部分所占的比例。

对于人类而言，因为有含磷洗衣粉等去污剂的使用、伙食的营养成分状况和对生活污水的处理等日常活动对流域内营养浓度的影响，故 E_i 就反映了这些影响因子的情况，具体计算公式如下：

$$E_h = D_{ca} \times H \times 365 \times M \times B \times R_s \times C \qquad (4-6)$$

式中：

E_h：人口的 N、P 年输出（千克/年）；

D_{ca}：每人营养物日输出量（千克/天）；

H：流域内人口数量；

M：污染处理过程中机械去除营养物系数；

B：污水处理过程中生物去除营养物系数；

Rs：营养物滞留系数；

C：除磷系数。

降雨产生的营养物输入量 P 可表示为：

$$P = caQ \tag{4-7}$$

式中：

c：雨水中营养物浓度（克/立方米）；

a：年降水量（立方米）；

Q：径流系数，即全年降雨产生径流量占全年降水量的百分比。

2. 输出系数模型的改进 λ

前面一个模型在原始模型的基础上，充分考虑到两个影响因素（土地利用类型和营养物来源）所带来的影响，进行了优化改进，但是还没有考虑到流域的水文状态的变化和流水对污染物的降解这两个影响因素，蔡明等因此改进了该输出系数法①，具体计算方法如下：

$$L = \lambda \left\{ \alpha \sum_{i=1}^{n} E_i [A_i(I_i)] + P \right\} \tag{4-8}$$

式中：

α：降雨影响系数；

λ：流域损失系数；

L，E_i，A_i，I_i，P 同上。

输出系数法的理论根据：降雨或融雪会在一定区域内产生地表

① 转引自任玮等《基于改进输出系数模型的云南宝象河流域非点源污染负荷估算》，《中国环境科学》2015 年第 8 期。

径流，污染物与水环境之间可以通过该地表径流形成一个水力相互作用系统，继而通过该“径流效应”进行非点源负荷的估算。

本书将选择非点源污染物来源作为切入点，然后收集整理分析研究区域的相关资料，选择适合该研究区域实际情况的 Johnes 输出系数模型，对研究区域内的四类非点源污染（包括农田径流、畜禽养殖、水产养殖和村民生活），所带来的健康风险水平大小进行评估。因为本书所选择的研究区域面积较小，地形、地貌等均不容易发生变化，而且研究区域内的降雨相对分布均衡，所以实际评估时并没有考虑这两个影响因素：流域的流失系数和降雨所带来的营养物数量。

二　农业面源污染直接经济损失评估

对污染造成的经济损失进行评估的方法有很多，不同方法的评估结果差别很大，如何合理选用评估方法一直是处理环境污染问题的重点和难点。农业面源污染所引起的直接经济损失与环境自身损害造成的经济损失在评估计算方法上是一致的。为了方便环境质量的货币化，原则上一般优先选用市场价格法，在条件不允许时则优先选用揭示偏好法，只有在无法达到上述两类方法的条件时，再选用陈述偏好法。由于环境资源的价值存在着确定性、半确定性和不确定性三种类型，那么相对地，环境质量损失的评估方法也分为市场价格法、陈述偏好法和揭示偏好法三类。这三类方法的具体计算公式在环境价值评估法中已经详述。

第四节　环境污染健康损害的经济评估方法

农业面源污染具有长期性和持久性的特点，其中农用化肥、畜禽养殖和水产养殖业是引起环境污染的主要原因。它所具有的污染物质有营养物（主要为氮和磷及其引起的水体富营养化物）、沉淀物（土壤流失携带有毒物）、农药（难降解成分和重金属）、病菌等，能够破坏土壤、污染地表水和地下水等水资源或蓄积在农作物内影响人体健康。事实上，在我国民事法规中，对如何评估健康损害做了说明，并把其分为一般性损害、伤残和死亡三大类。从环境污染造成的人体健康损害角度分析，大多数研究都认为损害主要包括医疗费用和早亡伤残等潜在健康损害两个方面。

因此，评估农业面源污染造成的环境健康风险，应包括两个阶段：环境健康风险的评估和污染健康损害经济评估。

（一）环境健康风险的评估方法

环境健康风险评估[①]就是通过估算人体受到有害因素的影响而出现损害的概率，并以此概率来表征个体暴露在有害因素下的健康风险水平大小。可以说目的是保护人类最宝贵的财富——健康，这是与生存权同等重要的人的基本权利。

如前所述，农业面源污染环境健康风险评估思路主要以美国国家科学院（NAS）提出的广泛用于空气、土壤和水等环境介质中有害因子的人体健康风险评估四步法[②]（风险危害的识别、剂量—反应评估、暴露评价和风险表征）的基础上进行的。

1. 风险危害的识别（Hazard Identification）

要识别风险危害，就要先识别出健康风险源的性质及强度，又称定性评价阶段。其目的是判断在一定情况下，接触某化学物质后能否产生危害，其不良的健康效应是什么，并确定该化学物质是否与某特定的健康效应存在因果关系。其中，危害是指风险的来源，具体指某种化学物质能够危害健康安全的能力。主要的危害识别方法是证据加权法，该方法是指在一定的目的下定性地评估某一化学物质。在评估开始前就要收集调查大量的资料，包括污染源的物化

---

① 胥卫平、魏宁波：《西安市大气和水污染对人群健康损害的经济价值损失研究》，《中国人口·资源与环境》2007 年第 17 期。

② 胡习邦：《国内外环境健康风险评价框架研究》，《环境与可持续发展》2016 年第 1 期。

性质、药代动力学和毒理学性质、短期临床试验、长期动物试验、人体对该物质的暴露途径和方式及其人体内新陈代谢作用方面的资料。通过这些方法的长期研究，即可将风险危害识别的某目标化学污染物质具有致癌风险还是非致癌风险。

2. 剂量—反应评估（Dose - Response Assessment）

剂量—反应评估[①]就是指研究寻找出风险源或有害因素的暴露水平与潜在暴露人群的健康状况的内在规律，其目的是获得某化学物的剂量（浓度）与主要特定健康效应的定量关系，也是进行风险评价的关键依据。剂量—反应关系的确定必须进行大量的调查与实验数据的整理分析，首先要进行流行病学的资料调查，然后敏感动物的长期毒理致癌实验也为重要资料。剂量—反应关系的评估包括有阈化合物剂量—反应评估和无阈化合物剂量—反应评估。

对于有阈化合物的剂量—反应评估目前使用最广泛的是数学模拟方法“基准剂量法”，另外“基于数据的不确定系数”方法也应用较多，该方法通过种系内和种系间毒代动力学和毒效动力学的资料，改善不确定系数的选择。对于无阈化合物剂量—反应评估，基本还是采用毒理学传统的剂量—反应关系推导模型，即采用体重、体表面积外推人的情况。此外，美国能源部发起的风险评价信息系统（Risk Assessment Information System，RAIS），包含了1100多种化学物质的毒性以及物理化学性质数据和资料，还包含这些化学物质的剂量—反应关系数据，极大地方便了环境健康风险的评估和管理工作，并已成为世界权威的化学物质毒性资料库。

3. 暴露评价（Exposure Assessment）

暴露评价[②]是一种定性或定量地估算暴露量、暴露时间、暴露频率以及暴露方式的方法。暴露评价主要包括以下三个方面：表征暴

---

① 薛寿征：《关于健康风险评估》，《环境与职业医学》2015年第32期。

② 胡习邦：《国内外环境健康风险评价框架研究》，《环境与可持续发展》2016年第1期。

露环境、确定暴露途径和定量暴露。其中，表征暴露环境是指对普通的环境物理特点和人群特点进行表征，确定敏感人群并描述人群暴露的特征，如污染源相对人群的位置，附近人群活动模式等；确定暴露途径就是在调查了污染源和污染物质的排放特征和迁移扩散情况，还要分析潜在暴露人群的活动范围情况，然后研究出风险源到达人体的路径。

暴露评价的具体操作方法一般有直接法、间接法和暴露模型法三种。

（1）暴露直接评价法。该方法包括个体检测和生物监测。个体监测是暴露测量中最广泛、最典型的方法，该方法以测量单位时间内人身体表层接触污染物平均浓度为目标，例如，在监测人体接触污染空气中的有害因子方面，就可利用个体采样器使研究区域人体呼吸带开展 24 小时的空气监测。

生物监测法即生物标志物法，它是一种直接监测生物介质中化学有害因子内暴露剂量的重要方法，常通过指甲、头发、尿液、血液、唾液和母乳等提取，能有效反映一段时间内通过呼吸吸入、皮肤接触和摄食进入人体内的污染物累积暴露量。生物标志物法其反映最近的内暴露水平较为精确，但对于长期慢性健康反应，例如，农业面源污染中的重金属污染导致的暴露水平反映就不太精确。因为，从理论上讲，生物标志物法反映的细胞和分子水平的效应标志，但对于长期的、持续的内暴露，其效应的特异性和剂量—效应稳定性就无法保障。

（2）暴露间接评价法。该方法是目前在缺乏生物技术等有效手段的情况下常采用的一种方式，它通过直接利用环境监测站的污染因子或有害物质的浓度资料、对不同人口学特征人群在不同环境中的停留时间及活动方式进行模拟，并采用数据易得的调查问卷法、时间活动模式日记法或统计学模型等方法，对污染物污染因子或有害物质的实际暴露浓度进行估算。

（3）暴露评价模型法。该方法是利用健康风险的暴露模型来评估研究区域内人群接触某种污染化学物质或有害因子的程度。常用的健康风险的暴露模型有：美国国家环境保护局（USEPA）提出的针对不同来源和不同介质中污染暴露水平的评价模型，例如，地下水模型、地表水模型、多介质模型和食物链模型等。欧盟专门由欧盟联合研究中心开发了一系列具体场景下的暴露模型，例如，针对土壤污染的人体暴露估算的 CSOIL 模型、CLEA 模型和 VLIER 模型等。此外，在暴露评价模型法中，人体暴露参数是环境健康风险评价中的重要因子，是用来描述人体经呼吸、口、皮肤等暴露在外界环境物质的量及速率，以及体重、身高、健康等人体特征的参数。是否根据具体的地域以及人种特征准确地选用暴露参数决定了健康风险评价的准确性和科学性。

近年来，越来越多的环境健康风险评估研究将地理信息系统（Geographical Information System，GIS）技术应用于暴露评价的研究中，这种将暴露模型和 GIS 技术相结合的方法，极大地提高了暴露评价和环境健康风险评估的准确度。

4. 风险表征（Risk Characterization）

风险表征①是指综合运用风险危害的识别、剂量—反应评估和暴露评价三个部分的数据，综合估算由污染源或有害因子导致的可能健康损害或某些不良健康效应发生的概率。风险表征评估在对污染源或有害因素的风险水平做出定量或定性评估后，还应该对其评估结果进行分析。

（1）环境健康风险评估模型。环境健康风险的评估常用风险计算模型来完成。对于非致癌污染化合物或有害因子，可用 RfD 来衡量环境健康风险可能的一个参考点，在农业面源污染中可认定：低于 RfD 的暴露剂量其环境健康风险较低，可接受，但当 RfD 的幅度及频率在增加，那么其环境健康风险也在升高，人体发生环境健康

① 胡习邦：《国内外环境健康风险评价框架研究》，《环境与可持续发展》2016 年第 1 期。

不良影响的概率也在增加。

为表征非致癌污染化合物或有害因子的环境健康风险危害，可假设健康风险水平为 10^{-6}（百万分之一）时对应的暴露剂量为 RfD 的水平，当假定个体暴露时间为 70 年终身，那么这个 10^{-6} 就是个体终身出现某个环境不良健康风险的概率。在这个假设基础上，RfD 可直接与健康风险效应水平相联系，因此非致癌污染物的环境健康风险评估的数学模型计算公式[①]如下：

$$P = D/RfD \times 10^{-6} \tag{4-9}$$

式中：

D：非致癌污染物的单位体重日均暴露剂量；

P：发生特定健康危害的终身风险。

另外，在污染场地健康风险评估中，非致癌化合物危害商（HQ）是最常用的一种风险表征方法。HQ 的计算方法为日均暴露剂量与化学物质 RfD 的比值，其公式表示为：

$$HQ = D/RfD \tag{4-10}$$

若 HQ 大于 1，则表示研究区域某污染化合物或危害因子健康风险不可接受；若 HQ 小于 1，则表示研究区域某污染化合物或危害因子健康风险可接受。

对于致癌污染化合物或危害因子，美国国家环境保护署推荐的方法并不计算实际的风险，而是利用数学模型计算出健康风险的上界，一般用线性多阶段模型来确定。此模型可表示为：

$$R = CDI \times SF/70 \tag{4-11}$$

式中：

R：年均致癌风险；

CDI：污染化合物或危害因子的单位体重日均暴露剂量；

SF：致癌强度系数。

---

① 杨珂玲等：《铅暴露的环境健康风险评估模型的本土化研究》，《中国人口·资源与环境》2016 年第 2 期。

（2）环境健康风险评估结果的分析。该分析主要表现为对其结果的不确定性分析，具体是健康风险评估过程中评价参数、模型和评价过程的不确定性，这种不确定性风险会使评估的结果不够准确。这种不确定性风险的存在是因为评估者不能够全面深入地了解健康风险评估系统，也难以充分地了解到健康风险的严重程度和出现方式。

环境健康风险评估结果的不确定性主要分为三类：参数不确定性、模型不确定性和情景不确定性。引起这些不确定性的因素有多种，存在抽样误差、测量误差、研究区的污染物质或危险因子的多变性等，例如，暴露参数美国和欧盟的标准就同一危险因子的参数就不太一致。模型的不确定性主要是由于数学理论和计算模拟的不完善造成的，其主要是由模型简化产生的误差和模型中变量之间相关关系产生的误差。情景不确定性是由于缺少足够的背景数据和信息难以完整地确定暴露和剂量水平，其主要来源为确定暴露情况产生的误差和对时间及空间的近似假设而造成的误差。

（二）污染健康损害经济评估方法

若对一定区域中的农业面源污染化合物或危害因子造成的环境健康风险评估结果为不可接受，那么就要对污染造成的人体健康损害进行经济评估，这种情况下进行评估应该选用人力资本法。

当人体的健康发生不良影响是由环境的变化所引起时，人力资本法[①]，就是用于计量这种人体健康损失的一种方法，具体计算时分疾病和死亡两种不同情况。疾病造成的损失由医疗费、自身误工费、陪护者误工费等几部分组成，计算公式如下：

$$I = \sum_{i=1}^{n} (L_i + M_i) \qquad (4-12)$$

式中：

I：疾病所带来的损失；

---

① 赵晓丽、范春阳、王予希：《基于修正人力资本法的北京市空气污染物健康损失评价》，《中国人口·资源与环境》2014 年第 3 期。

L_i：第 i 类人由于生病不能工作所带来的平均工资损失；

M_i：第 i 类人的医疗费用（包括门诊费、医药费、治疗费等）。

而死亡造成的损失的具体计算公式如下。

$$V = \sum_{i=1}^{T-t} \frac{\pi_{t+i} \times E_{t+i}}{(1+r)^i} \quad (4-13)$$

式中：

V：过早死亡所带来的损失；

π_{t+i}：年龄为 t 的人活到 $t+i$ 年的概率；

E_{t+i}：在年龄为 $t+i$ 时的预期收入；

r：贴现率；

T：从劳动力市场退休的年龄。

第五章

农业面源污染环境损害经济评估指标体系的构建

农业面源污染的环境损害经济评估指标体系由农业面源污染环境自身损害的评估指标、农业面源污染直接经济损失的评估指标和农业面源污染环境健康损害的评估指标三部分组成。这三部分是针对农业面源污染环境损害经济评估的一项完整的评价指标体系，分别代表着农业面源污染对环境自身、经济和人体健康带来的损害或风险并导致经济损失的三个方面，三者相辅相成，缺一不可。本章运用农业面源污染物或有害因子在环境中从污染源到污染对象迁移化原理，围绕污染物或有害因子的产生、排放、扩散到造成危害或影响的链条，旨在构建较为科学合理的农业面源污染的环境损害经济评估指标体系，并运用模糊数学和层次分析法对该指标体系的效能进行了评价。

第一节　农业面源污染的环境损害经济评估指标体系构建原则和依据

如何构建一套科学、合理的经济评估指标体系，仅具有指标体系构建目标是不足以完全达到评估的预想，还必须提供能完成目标的原则和依据，这其中指标体系构建的原则是指标体系的正确方向和原理保障。为使农业面源污染的环境损害经济评估指标体系具备科学化、合理性与规范化，在构建指标体系时应遵循一定的原则和依据。

一　经济评估指标体系构建原则

在进行农业面源污染的环境损害经济评估指标体系构建时，有必要基于以下六大原则：

1. 科学性原则

农业面源污染是一种长期性、持续性和复杂性的污染，在我国这样一个拥有 14 亿人口的农业大国，其污染的广泛性和普遍性难以想象。那么，开展农业面源污染的环境损害经济评估，告诉我们所有的农业管理、环境保护等政府部门和普通的城市大众及农村农民，由于我们为了农业经济的高速发展，在不注重环境可持续发展和绿色农业的前提下，地表水、沉积物、土和我们自身健康到底遭受了多大的污染危害，并由这些危害导致的我们环境自身、经济和身体健康到底遭受了多大的风险和经济损失，这将是一项非常有意义的工作。因此，构建农业面源污染的环境损害经济评估指标体系，必须首先基于科学性原则，要根据实地监测和调研的农业面源污染状况和污染的客观事实，污染与损害事实间的因果关系逻辑，使评估指标科学缜密地反映农业面源污染的状况、污染损害范围和实物量（损害评价）、污染损害风险水平及污染造成的三个方面（环境自身、经济和人体健康）经济损失。

2. 逻辑性原则

在构建农业面源污染的环境损害经济评估指标体系时，要根据农业面源污染现状、污染损害、污染与损害间的因果关系判定、损害的大小和物理程度，建立环境自身损害的物理量与价值量之间的衡量关系，并将损害的物理量统一用货币的或经济损失的形式表现出来。该指标体系会涉及指标框架、指标群和指标集三个层级，在这种指标、层次和方面较为复杂的评估指标体系中，同一层次的指标如果出现重叠和逻辑混乱的现象，就会导致评估结果的失真，就会失去农业面源污染的环境损害经济评估意义。因此，在进行最终的评估指标体系的选择时，应删除评估中的非重要及一定重复的变量，以弄清指标间的关联信息与逻辑顺序，进而建立最优化的变量子集。

3. 系统性与层次性原则

系统性原则是指农业面源污染的环境损害经济评估指标体系整体最优化，不管是整体指标设置，还是个体指标的选择都应该以系统论的思路为指导，既要考虑指标体系内部各指标间的逻辑联系，也要考虑指标体系与外界环境的联系。层次性原则要求构建农业面源污染的环境损害经济评估指标体系过程中，要理顺指标体系内部个体指标的层次关系，以及其在相应层次中的重要程度。既要厘清农业面源污染的环境损害经济评估的总体目标，也要明确各个细分目标和操作指标。在农业面源污染的环境损害经济评估指标体系构建过程中，既要坚持系统性原则，又要遵循层次性原则；既要考虑到整个指标体系的总体目标，又要厘清各层次指标间逻辑联系紧密，避免各指标间零散性和无序性。

4. 定性与定量结合性原则

在开展农业面源污染的环境损害经济评估时，对污染造成的环境自身、经济和人体健康三个方面的损害判定和经济损失评估一般都具有较强的复杂性，需要从环境、经济和农业等多学科领域以及工程实践等多方面、全方位因素考虑。而这些因素往往既含有定性的成分，又含有部分定量的成分，并且有时又表现为互补。因此，农业面源污染的环境损害经济评估指标体系构建时，有必要综合考量这些因素中的定性成分和定量成分，提供科学决策的理论现实依据，并对农业面源污染造成的各个方面的损害和影响因素进行深入细致的分析，进而建立起一套实用且定性与定量相结合的农业面源污染的环境损害经济评估指标体系。

5. 可操作性原则

农业面源污染的环境损害经济评估指标体系构建是为了有效弄清农业面源污染到底对环境自身造成的损害程度和范围，对农业及渔业等相关产业经济造成的直接经济损害的程度和大小，对当地居民造成的环境污染健康风险水平的范围和高低，并依据相应的经济评估方法估算因此而造成的经济损失。因此，构建这一系统的指标体系，需要在实践中具有极强的可操作性，有必要使实地调查、监测、分析、计算和评价的整个评估过程涉及的相关评估指标，都具有可运用、可操作和可量化的特性。

6. 兼容性原则

尽管国际上已经开展了环境污染损害的经济评估相关工作，但更多的是涉及点源污染造成的经济评估，专门针对农业面源污染造成的环境损害经济评估的工作尚未涉及。由于目前环境问题已经是一个全球性的难题，因此在农业面源污染的环境损害经济评估指标体系构建时应充分考虑国际惯例以及国际先进经验的吸收和借鉴，特别是美国环境保护署（USEPA）和欧洲环境署（EEA）在环境损害鉴定和经济评估中的规定、方法和经验。然而，吸收和借鉴并不意味着照搬照抄，指标体系的构建还应结合我国多年环境保护工作积累的成果和已有研究基础，依据我国农业管理部门和环境保护部门的相关政策经验，并与国内已有的相关标准协调，构建出能被普遍接受并在实际中有效应用的指标，并保持其兼容性，使其还能运用到其他污染造成的环境损害经济评估中去。

二　经济评估指标体系构建依据

在开展农业面源污染的环境损害经济评估指标体系构建时，为了适合农业面源污染的特殊性，有必要吸收和借鉴国内外关于环境污染损害的经济评估方面的研究成果，并依据农业面源污染物或有害因子在环境中从污染源到污染对象迁移化原理，围绕污染物或有害因子的产生、排放、扩散到造成危害或影响的链条和损害经济评估的目标，对农业面源污染的环境损害经济评估指标体系进行整体的构建考量。

1. 借鉴国内外已有的政策与标准

如上所述，环境损害鉴定和评估现已成为全世界环境保护、经济学、环境法医等专业领域的研究热点。构建农业面源污染的环境损害经济评估指标体系，应充分考虑国际惯例以及国际先进经验的吸收和借鉴，特别是美国环境保护署和欧洲环境署在这其中的方法和经验，例如，围绕海洋溢油民事责任国家公约、美国自然损害赔偿制度、日本公害救济制度等，结合我国近年来陆续出台的《农业环境污染事故损失评价技术准则》《渔业污染事故经济损失计算方法》《环境损害鉴定评估推荐方法（第Ⅱ版）》等有关标准，这些都为农业面源污染造成的环境损害经济评估指标的建立提供了依据。

2. 综合现有相关研究文献研究与实地调研资料，多角度获取农业面源污染的环境损害经济评估指标体系的构建依据

根据现有的文献对农业面源污染环境损害类型进行梳理，采用问卷调查和访谈有关农业环境管理和检测部门的方式，从生态损害、社会经济损害、人群健康损害三个层次获取农业面源污染的背景信息和受损情况，对地表水、土壤及沉积物开展环境损害受损情况调查，调研农业面源污染环境损害各类型可能包含的指标类别、指标集和指标项。

3. 以农业面源污染的环境损害经济评估目标为核心，全面考虑农业面源污染的环境损害经济评估影响因素

经济评估指标体系的构建，有必要围绕农业面源污染的环境损害经济评估目标核心，即弄清农业面源污染到底对环境自身造成的损害程度和范围，对农业及渔业等相关产业经济造成的直接经济损害的程度和大小，对当地居民造成的环境污染健康风险水平的范围和高低，并依据相应的经济评估方法估算因此而造成的经济损失。农业面源污染的环境损害经济评估的开展，既需要依据污染物或有害因子在环境中从污染源到污染对象迁移化原理，又需要围绕污染

物或有害因子的产生、排放、扩散到造成危害或影响的链条，还需要考虑污染造成的损失量化和经济评估方法的选择，而这里面又涉及环境污染源、污染物或有害因子、环境损害因果关系判定、损害范围和大小、损害货币化等诸多因素。因此，只要是与实现这一目标相关的各类因素，都应纳入农业面源污染的环境损害经济评估指标体系构建的范畴。

第二节　农业面源污染的环境损害经济评估指标体系的构建

一　农业面源污染的环境损害经济评估指标体系构建目标和思路

经济评估指标体系构建是农业面源污染的环境损害经济评估核心环节，是经济评估能否依据实际污染情况全面、准确和顺利开展的关键。只有依据经济评估指标体系才能对污染造成的损害做出风险、损失等的评估，并通过评估结果的分析才能发现相关农业面源污染在一定区域的严重程度和治理的严峻形势，才能对农业面源污染的防治提出科学有效的改进措施，促进农业和环境保护相关部门加大政策治理力度，进而提高公众对于生态文明和绿色农业的意识。

（一）经济评估指标体系构建的目标

农业面源污染的环境损害经济评估指标体系构建有如下四点目标：

1. 为农业面源污染的环境损害经济评估奠定基础

经济评估指标体系服务于为农业面源污染的环境损害经济评估，只有建立一个完善和科学的指标体系，才能为开展污染损害的大小和物理程度、损害的物理量与价值量之间的衡量，从而完成经济评估打下坚实基础。

2. 为农业面源污染对环境造成的三个方面的损害确认提供指南

农业面源污染对环境会造成环境自身、直接经济和环境健康三个方面的损害，这里面会涉及污染源的评价，污染化合物或有害物质的排放、扩散和迁移，造成的环境损害物理量的确认等过程，该过程是一个环节严密、逻辑性强的过程，因此就需要一套完善、高效的指标体系来作为评价指南的依据。

3. 为农业面源污染对环境造成的三个方面的货币化提供依据

农业面源污染的环境损害经济评估第二阶段将会开展环境损害的物理量与价值量之间的关系衡量，将损害的物理量统一用货币的或经济损失的形式表现出来，包括环境自身损害评估方法的选择、环境自身损害修复或恢复目标的确定、环境修复或恢复方案的筛选、环境修复或恢复费用的评估等环境自身损害经济评估，Johnes 输入系数法对农业面源污染造成的直接经济损失进行评估和环境健康风险评估及损害经济评估，因此更需要一套能够很好地提供依据的指南来完成这一系列的评估过程。

4. 为污染损害的经济评估推广提供经验

农业面源污染的环境损害经济评估指标体系是在各种国际和国内标准、国外和国内科学和实践研究的基础上总结归纳而来，既要全面考虑农业面源污染的环境损害经济评估影响因素，又要以农业面源污染的环境损害经济评估目标为核心，以期能为其他污染损害类型经济评估提供推广和应用经验。

（二）经济评估指标体系构建的思路

1. 农业面源污染环境自身损害的经济评估指标构建思路

如第四章中所述，从农业面源污染的污染源和污染路径来看，其会造成农田中的土粒、氮素、磷素、农药重金属、农村禽畜粪便与生活垃圾等有机或无机污染物，从非特定的地域，在降水和径流冲刷作用下，通过农田地表径流、农田排水和地下渗漏等途径，进入受纳水体（河流、湖泊、水库、海湾）引起污染。农业面源污染造成的环境污染范围和程度，更多地体现在区域的水体和生境中，故其造成的环境自身损害经济评估内容包括水体质量、沉积物土壤损害评估和生境损害评估。

农业面源污染对环境自身损害的经济评估内容和指标体系，应从实际角度出发，综合界定与分析。应首先确定环境的基线指标，然后进行环境自身损害的确认，在认定环境自身损害的空间范围和时间范围后，接着开展农业面源污染与环境自身损害间的因果关系判定、环境自身损害修复或恢复目标的确定，进而根据环境自身损害评估方法的选择、环境修复或恢复方案的筛选和环境修复或恢复费用的评估等步骤中涉及的具体因素来构建和确认指标。因此，其经济评估指标构建可按照此思路，结合农业面源污染的研究区域实际，科学合理地开展。

2. 农业面源污染直接经济损失评估指标构建思路

农业面源污染对造成的直接经济损失评估包括农田土壤侵蚀经济损失评估、畜禽养殖经济损失评估、水产养殖经济损失评估和农村生活污染经济损失评估四个方面。

直接经济损失评估指标构建，应根据计量评估模型，需要收集具体资料。农业面源污染直接经济损失将采用资料易得、计算简明的 Johnes 输出系数法进行评估。根据 Johnes 输出系数模型的要求，加之农业面源污染的分散性、随机性、累积性和模糊性等特点，且不易监测而难以量化。在评估过程中应收集研究区域包括农业种植、畜禽养殖、水产养殖和农村生活情况等。直接经济损失评估指标应包含各类污染源排放系数、入河系数、土壤侵蚀模数、肥料价格等确定该模型计算的参数值。

3. 农业面源污染环境健康损害的经济评估指标构建思路

农业面源污染环境健康损害的评估分两个阶段，第一阶段是污染造成的环境健康风险评估，包括土壤和水等环境介质中有害因子的人体健康风险评估即风险危害的识别、剂量—反应评估、暴露评价和风险表征四个步骤。第二阶段是损害的经济评估阶段，若对一定区域中的农业面源污染化合物或危害因子造成的环境健康风险评估结果为不可接受，那么就要对污染造成的健康损害进行经济评估，该过程主要运用的评估方法为人力资本法。

因此，农业面源污染环境健康损害的经济评估指标体系构建思路，应首先从污染物产生、排放、扩散到最终造成的危害或影响的形成链条展开，并重点注重以下信息中的指标：①农业面源污染在实际的农业生产和生活中有害物质的产生，即污染源的系列指标。②污染源将污染化合物或有害因子排放到外界环境中的排污行为。③污染化合物或有害因子与环境要素相结合发生了有害物富集、扩散或迁移化等复杂的变化。④污染化合物或有害因子扩散、转移到特定污染环境中，使受害对象发生暴露风险。⑤污染化合物或有害因子的损害识别，即对其遭受的危害对象所受的危害大小进行识别。⑥损害或危害的经济评估。其中，为说明农业面源污染与健康损害之间的联系，在指标体系构建时还应注意以上 6 个链条环境间的相互联系：农业面源污染源与排污之间的联系；排污情况与排污状态在时间和空间之间的联系；污染化合物或有害因子污染状态与暴露情况之间的联系；暴露情况与损害大小之间的联系；损害发展程度与损害结局之间的联系；健康风险评估与经济损失评估之间的联系等。因此，指标体系的构建不仅要反映事实，更需要衡量事实之间的相互联系，并从损害与损失的转换层面，依据我国现有的法律和行业制度规范，形成对风险进行正确的评估和对损失进行准确的定量化指标集。

由于农业面源污染造成环境自身、直接经济和环境健康三个方面的损害，而每类损害都有其特殊性，故成功构建一套专门针对其损害方面的经济评估方法就显得意义重大。因此，如图 5 - 1 所示，本书将农业面源污染环境损害经济评估体系具体按照三方面损害的指标框架、指标类别、指标集和指标项的思路构建。

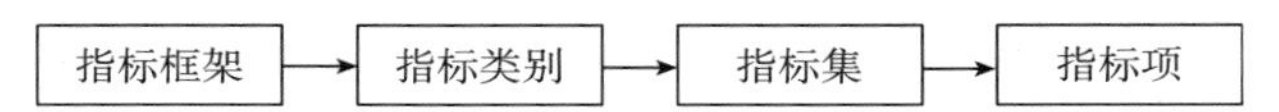

图 5 - 1　农业面源污染环境损害经济评估指标体系构建思路

二　经济评估指标体系的类别和筛选

农业面源污染环境损害经济评估指标体系的类别包括三大方面：农业面源污染环境自身损害的经济评估指标、农业面源污染直接经济损失评估指标和农业面源污染环境健康损害的经济评估指标。

（一）农业面源污染环境自身损害的经济评估指标的筛选

农业面源污染环境自身损害的经济评估的目的就是开展损害的修复或恢复，使其通过人为的清除、修复或恢复措施，将一定损害区域的损害受体的服务水平恢复到基线状态，并计算该过程所需要的货币金额。

按照农业面源污染环境自身损害的经济评估指标的构建思路，针对其造成的环境自身损害经济评估内容包括：水体质量、沉积物土壤损害评估和生境损害评估。首先应确定研究区域的环境基线标准，然后认定环境自身损害的空间范围和时间范围，根据环境自身损害评估方法的选择，进行环境修复或恢复费用的评估。

1. 环境基线指标

根据国家环境保护部对于环境基线标准的相关规定，按照农业面源污染经济评估的内容，环境基线指标可参照：①地表水：《地表水环境质量标准》（GB 3838—2002）、《生活饮用水卫生规范》（GB 5749—2006）、《农业灌溉水质标准》（GB 5084—92）和《渔业水质标准》（GB 11607—89）等。②地下水：《地下水质量标准》（GB/T 14848—93）、《生活饮用水卫生规范》（GB 5749—2006）、《城市供水质量标准》（CJ/T 206—2005）和《农业灌溉水质标准》（GB 5084—92）等。③土壤：《土壤环境质量标准》（GB 15618—1995）。④沉积物：由于我国没有针对水环境沉积物出台专门的质量标准，进行经济评估时可参考《土壤环境质量标准》（GB 15618—1995）和《海洋沉积物质量标准》（GB 18668—2002）。若还是无法满足研究实际，可参考国际标准《沉积物环境质量标准》（*Sediment Quality Guidelines*，SQGs）。⑤生物资源：其环境基线标准选择比较复杂，国家没有一个统一的标准，一般与该区域内的生物死亡率、种群密度或生物量，以及农业面源污染化合物或有害因子在生物组织内的物质浓度有关。因此，对于农业面源污染造成的环境生物资源的损害，只能通过 Johnes 输出系数法来衡量和评估。

2. 农业面源污染化合物或关键因子浓度指标

农业面源污染化合物或关键因子的数量较多，但按其污染性质划分，可分为三大类：持久性有机物、非持久性有机物和重金属。

（1）持久性有机物。

持久性有机物主要是在农业生产活动中由农药造成的、不能或难以被自然降解的污染有机物，其主要包括：滴滴滴（DDD）、滴滴伊（DDE）、滴滴涕（DDT）、艾氏剂、丙烯醛、硫丹和硫酸硫丹、异狄氏醛和异狄氏剂、七氯、七氯环氧化物、六氯环己烷（六六六）、γ-六氯环己烷（林丹）、二噁英、毒杀芬等。

（2）非持久性有机物。

非持久性有机物是相对于持久性有机物而言的，其也由农业生产生活造成，但进入环境后较易降解，如含氮类化合物和含磷类化合物等。

（3）重金属。

重金属污染广泛存在于农业面源污染中，因其难以降解且极难修复，故单独分类，主要为铅（Pb）、锌（Zn）、铬（Cr）、镉（Cd）、汞（Hg）等。

3. 时间范围与空间范围指标

农业面源污染与其他突发性污染的最大不同为其拥有广泛性和持久性特定，因此，一定区域的农业面源污染空间范围为该区域城镇面积之外的耕地、养殖、水产等面积。农业面源污染时间范围为文献记录或环境监测该地区大规模发生或生态系统遭受大规模破坏的时间，即研究区域大规模开始使用农药、化肥、养殖饲料等带来农业面源污染源问题的时间或者依据研究需要确定一定时间范围内的农业面源污染时间。

4. 环境自身损害经济评估方法的相关指标

如第四章所述，对于农业面源污染造成的地表水、地下水、沉积物、土壤等生境资源，由于其污染的长期性和广泛性，有时候不适宜采取恢复工程法评估，此时宜利用经济评估方法进行计算其造成的经济损失即修复费用，例如环境价值评估法中的市场价格法、揭示偏好法、陈述偏好法和效益转移法等。

其需要的经济评估指标如下：

（1）地表水。

若运用市场价格法评估农业面源污染对地表水造成环境损害的经济损失，按照其计算公式，则需要弄清研究区域受损的环境资源单价即受损资源的市场价格（元/立方米）或单位水量市场修复价格（元/立方米），以及受损水资源量（立方米）。

（2）地下水。

对于地下水环境损害的经济评估，按照其计算公式，同理，也需要弄清研究区域受损的环境资源单价即受损资源地下水的市场价格（元/吨）或单位水量市场修复价格（元/吨），以及地下水受损水资源量（立方米）。

（3）土壤和沉积物。

对于土壤和沉积物环境损害的经济评估，照其计算公式，则需要弄清研究区域受损的单位土方量价格（元/立方米）或单位土方市场修复价格（元/立方米），以及受损土方量（立方米）。

若运用市场价格法，其公式如下[①]：

$$S_i = \sum P_i \times V_i \qquad (5-1)$$

式中：

S_i：第 i 种污染关键因子对环境自身损害的修复总费用（元）；

P_i：第 i 种污染关键因子市场修复价格（元/立方米）；

---

① 段雪梅：《平原河网区农业非点源污染负荷及经济损失估算研究》，硕士学位论文，扬州大学，2013 年。

V_i：第 i 种污染关键因子受损资源量（立方米）。

若运用揭示偏好法评估农业面源污染对研究区域农业面源污染环境损害的经济损失，按照其运用原理，该方法需要在一定范围内的走访和调研的基础上完成，需要的指标有：农业面源污染损害发生前的景点的经济价值 V_f，污染损害发生后的景点的经济价值 V_n，两者之间的差值即是污染损害造成的区域经济损失。但该方法具有很大局限性，只适合国家公园、湿地公园、居民户外运动的自然生境等研究区域的农业面源污染经济评估。

若运用陈述偏好法对研究区域农业面源污染环境损害的经济损失评估，如前所述，通过调查问卷来推导消费者在不同环境资源状态下的等价剩余或补偿剩余，再利用效益—费用分析来估算得出该区域的消费者支付意愿（WTP）和消费者接受补偿意愿（WTA）指标。同样，该方法具有极大的局限性和不确定性，对评估者的能力要求较高，且需要有足够的资金、人力和时间。

若运用效益转移法对研究区域农业面源污染环境损害的经济损失评估，则需要引用环境社会经济条件类似地区已有的研究来估算环境损害金额。该方法需要研究区域，即待分析地点和参照地点具有相似的环境服务或功能、相似的污染损害影响和程度、相似的社会人口和社会经济状况，以及参照地点的农业面源污染环境损害经济评估的具体金额等指标。

（二）农业面源污染直接经济损失评估指标的筛选

农业面源污染对造成的直接经济损失评估包括农田土壤侵蚀经济损失评估、畜禽养殖污染经济损失评估、水产养殖污染经济损失评估和农村生活污染经济损失评估四个方面。本书拟采用 Johnes 输出系数法来进行相关的经济评估，该方法能够利用土地利用状况等资料，通过污染输出系数来估算流域输出的面源污染负荷，是一种集总式的面源污染负荷估算方法。农业面源污染负荷评估和污染直接经济损失评估两个阶段。因此，对农业面源污染直接经济损失评估指标的筛选，也将集中在这两个过程中。

1. 农业面源污染负荷评估的指标筛选

一定研究区域的污染负荷总量，可由污染物输出系数法来计算出来。污染物输出系数是研究区域内单位时间单位面积的负荷量（千克·公顷/年），它是某种土地利用方式下单位时间输出的污染物总负荷的标准化估计。输出系数模型其实质上是一种半分布式的集总模型，它是输出系数法的一种具体体现，是利用半分布式途径来计算流域尺度上年均污染总负荷（总氮、总磷和化学需氧量）的数学加权公式。因此，农业面源污染负荷评估的指标筛选将依据输出系数模型来完成。

其模型方程如下（段雪梅，2013）：

$$L = \sum_{i=1}^{n} E_i[A_i(I_i)] + P \tag{5-2}$$

式中：

L：营养物流失量（千克/年），即农业面源输出的污染物总负荷。

E_i：第 i 种营养源输出系数（千克·公顷/年），即农田土壤侵蚀输出系数、畜禽养殖输出系数、水产养殖输出系数和农村生活污染输出系数。其中，农田土壤侵蚀输出系数又包括耕地输出系数、林地和草地输出系数及住宅用地输出系数。畜禽养殖输出系数表示牲畜排泄物直接进入受纳水体的比例。水产养殖输出系数表示水产养殖生物的排泄物直接进入受纳水体的比例。农村生活污染输出系数表示农村生活污水和人粪尿进入受纳水体的比例。

A_i：第 i 类土地利用类型面积（公顷）或第 i 种牲畜数量、水产养殖面积、人口数量。对于农田土壤侵蚀污染，A 是指土地利用类型面积（公顷）。对于畜禽养殖污染，A 是指牲畜数量（只）。对于水产养殖污染，A 是指水产养殖面积（公顷）。对于农村生活污染，A 是指人口数量（人）。

I_i：第 i 种营养源营养物输入量（千克），对于农田土壤侵蚀污染，I 代表流失到农田外的氮素和磷素随水流和泥沙的入河量。对于畜禽养殖污染，畜禽粪便和污水不会完全进入水体，I 代表进入水体污染物的量。对于水产养殖污染，剩余饲料和水产养殖物粪便进入水体，I代表进入水体污染物的量。对于农村生活污染，I代表农村生活污染物进入水体的量。

P：降雨输入的营养物数量（千克/年）。

需要指出的是，以下情况可以忽略流域流失系数及降雨所带来的营养物数量：研究区域面积不大，多年来地形、地貌等基本未发生变化，一场降雨发生时研究区内各处的雨量和雨的强度等变化不大。

2. 污染直接经济损失评估的指标筛选

农业面源污染造成的直接经济损失包括农田土壤侵蚀经济损失、畜禽养殖污染经济损失、水产养殖污染经济损失和农村生活污染经济损失评估四个方面。对于一定的研究区域，在弄清以上四个方面的农业面源污染负荷后，即可利用经济学的方法，以货币的形式来衡量农业面源污染带来的相应损失。因此，据各类经济损失的评估模型，可以筛选出农业面源污染造成的直接经济损失评估指标。

（1）土壤侵蚀经济损失评估指标筛选。

土壤侵蚀，又称水土流失，是指土壤及其母质在水力、风力、冻融或重力等外力作用下，被破坏、剥蚀、搬运和沉积的过程。该过程造成的直接经济损失包括由于土壤养分损失（主要为氮元素和磷元素的损失），土壤有机质的损失，泥沙流失和滞留淤积及土壤水分流失所带来的经济损失。

①土壤养分流失经济损失评估指标筛选。

对于由于农业面源污染而造成的土壤元素养分和有机质流失造成的经济损失，可用前述环境价值评估法中的替代价格法（揭示偏好法）进行计算，该方法可评估土壤资源不受污染所支付的费用①。

土壤养分流失经济损失计算公式（段雪梅，2013）：

$$S_i = \sum T_i \times K_i \times C \qquad (5-3)$$

---

①　杜丽平：《基于 GIS 的淮河流域伏牛山区土壤侵蚀研究》，硕士学位论文，郑州大学，2010 年。

式中：

S_i：第 i 种养分流失所损失的价值（元）。其中，i 主要为氮、磷元素。

T_i：农业面源污染第 i 种养分流失总量（t）。其中，i 为研究区域内氮、磷元素的负荷总量。

K_i：第 i 种养分折算为磷酸二铵的系数。氮元素和磷元素折算成磷酸二铵的系数分别为 132/14，132/31。

C：磷酸二铵肥料的价格（元）。根据中国化肥网的最新报价，磷酸二铵市场价格为 2800—2950 元/吨。

②土壤有机质流失经济损失计算公式（段雪梅，2013）：

$$E = Z \times C \times P \tag{5-4}$$

式中：

E：土壤有机质流失的经济损失价值（元）；

Z：研究区域土壤侵蚀总量（立方米）；

C：土壤有机质的平均含量，一般取 1.5%；

P：土壤有机质价格。根据杨伟对湖北大别山地区土壤侵蚀的经济损失估值研究，取有机质价格为 350 元/吨[①]。

③泥沙流失和滞留淤积经济损失指标筛选。

农业面源污染造成的土壤侵蚀导致大量泥沙流失和滞留淤积所引起的经济损失，因可以利用将污染修复的方法来估算经济损失的大小，故该情况可以利用环境价值评估法中的恢复费用法进行评估，其评估指标筛选如下：

根据泥沙流失滞留的损失计算公式（段雪梅，2013）：

$$E = Z \times 33\% \times P/p \tag{5-5}$$

式中：

E：农业面源污染中由于土壤侵蚀造成的泥沙流失滞留的经济损

---

① 杨伟：《大别山区土壤侵蚀经济损失估值研究》，《资源开发与市场》2009 年第 8 期。

失（元）；

Z：研究区域农业面源污染一定年份土壤侵蚀总量（立方米）；

P：泥沙的挖沙修复费用（元）。根据农业部门对农田相关基本建设工作的定额，一个普通农村劳动力平均每天可挖土或清沙 2.6 立方米，且一个普通农村劳动力平均每天可创造的经济价值平均为 20 元，则清泥挖沙修复成本为 7.69 元/立方米①；

p：泥沙容量，一般为 1.16 吨/立方米。

其中，我国土壤侵蚀总量中滞留泥沙的比例约为 33%。

根据泥沙淤积的计算公式：

$$E = Z \times 24\% \times P/p \quad (5-6)$$

式中：

E：农业面源污染中由于土壤侵蚀造成的泥沙淤积经济损失（元）；

P：实际工程中拦截 1 立方米泥沙的费用，一般为 10 元/立方米②；

Z 和 p 意义同上。

其中，我国土壤侵蚀总量中淤积泥沙的比例为 24%。

④土壤水分流失经济损失指标筛选。

农业面源污染土壤侵蚀造成的土壤水分流失经济损失也可以利用环境价值评估法中的恢复费用法进行评估，其评估指标筛选如下：

根据土壤水分流失经济损失计算公式（段雪梅，2013）：

$$E = Z \times W \times P/p \quad (5-7)$$

式中：

E：农业面源污染中由于土壤侵蚀造成的土壤水分流失经济损失（元）；

W：土壤的平均含水量，一般为 20%；

---

① 李瑞俊：《山东祈沐泗流域土壤侵蚀经济损失评估及对策研究》，硕士学位论文，山东师范大学，2005 年。

② 吕华丽等：《三峡库区土壤侵蚀经济损失估算》，《水土保持通报》2012 年第 4 期。

P：每建造 1 立方米农用水库所需要的投资费用，一般为 1.36 元/立方米①；

Z 和 p 意义同上。

（2）畜禽养殖污染经济损失评估指标筛选。

农业面源污染中畜禽养殖污染主要来源于未经过处理的畜禽粪便和尿液，不言而喻，这些排泄物对大气、水和土壤环境均造成一定的污染影响。由于大部分畜禽养殖造成的粪便和尿液可通过生物技术转化成肥料，所以畜禽养殖污染经济损失评估可利用价值替代法，依据土壤侵蚀中土壤养分的流失计算公式来开展经济评估。因此，农业面源污染中畜禽养殖污染经济损失评估指标筛选如下：

$$S_i = \sum T_i \times K_i \times C \qquad (5-8)$$

式中：

S_i：农业面源污染中畜禽养殖污染经济损失价值（元）。I 主要为氮和磷元素。

T_i：研究区域中，农业面源污染畜禽养殖的第 i 种养分流失总量（t）。

K_i：第 i 种养分折算为磷酸二铵的系数。氮元素和磷元素折算成磷酸二铵的系数分别为 132/14，132/31。

C：磷酸二铵肥料的价格（元）。根据中国化肥网的最新报价，磷酸二铵市场价格为 2800—2950 元/吨。

（3）水产养殖污染经济损失评估指标筛选。

农业面源污染中水产养殖污染主要来源于水产养殖生物的排泄物和未被其食用的饲料，这些废弃物会对水和沉积物带来一定的污染。与畜禽养殖相同，大部分水产养殖污染造成的排泄物和未被其食用的饲料可通过生物技术转化成肥料，所以畜禽养殖污染经济损失评估可利用价值替代法进行经济评估。因此，农业面源污染中水

① 杨伟：《大别山区土壤侵蚀经济损失估值研究》，《资源开发与市场》2009 年第 8 期。

产养殖污染经济损失评估指标筛选如下：

$$S_i = \sum T_i \times K_i \times C \qquad (5-9)$$

式中：

S_i：农业面源污染中水产养殖污染经济损失价值（元）。I 主要为氮和磷元素。

T_i：研究区域中，农业面源污染水产养殖的第 i 种养分流失总量（吨）。

K_i和 C 同上。

（4）农村生活污染经济损失评估指标筛选。

农业面源污染中农村生活污染主要来源为农村生活污水和农村生活垃圾两大类，前者是农村生活中的洗涤、沐浴和其他生活用水，其主要污染物为氮和磷类污染物。后者是农村生活中的生产和生活中未经处理丢弃的生活垃圾，其来源更加广泛，但造成的环境影响主要为各类营养物质的危害，亦可用氮和磷的输出污染负荷来衡量。因此，农业面源污染中农村生活污染经济损失评估也可以利用价值替代法进行经济评估，其经济损失评估指标筛选如下：

$$S_i = \sum T_i \times K_i \times C \qquad (5-10)$$

式中：

S_i：农业面源污染中农村生活污染经济损失价值（元），i 主要为氮和磷元素。

T_i：研究区域中，农村生活污染的第 i 种养分流失总量（吨）。

K_i和 C 同上。

（三）农业面源污染环境健康损害的经济评估指标的筛选

环境健康风险评估是通过有害因子对人体不良影响发生概率的估算，评估暴露于该有害因子的个体健康受到影响的风险。其主要特征是以风险度为评价指标，将环境污染程度与人体健康联系起来，定量描述污染对人体产生健康危害的风险。评估农业面源污染造成的环境健康风险，应包括两个阶段：环境健康风险的评估和污染健康损害经济评估。

如前所述，农业面源污染环境健康风险评估思路主要以美国国家科学院（NAS）提出的广泛用于空气、土壤和水等环境介质中有害因子的人体健康风险评估四步法为依据开展，即风险危害的识别、剂量—反应评估、暴露评价和风险表征四个阶段。因此，农业面源污染环境健康风险评估的指标也将按照此流程开展。

1. 风险危害识别指标筛选：关键污染因子

如前所述，农业面源污染关键污染或有害因子的数量较多，但按其污染性质划分，可分为三大类：持久性有机物、非持久性有机物和重金属。

其中，农业面源污染持久性有机物主要是在农业生产活动中由农药造成的、不能或难以被自然降解的污染有机物，主要是有机氯类化合物。这些关键污染因子主要具有持久性、生物蓄积性、半挥发性和高毒性等特征。非持久性有机物主要是相对于持久性有机物而言的，进入自然后较容易被降解的氮和磷类有机物，总体来讲，它们相对人体造成的健康损害不太明显。农业面源污染持久性有机物会给人体健康带来非致癌风险或致癌风险。农业面源污染非持久性有机物对身体健康影响有限，其对经济带来的损失更具有研究价值，故暂不作为环境健康风险评估的污染因子指标。

重金属的有害因子是农业面源污染中较为严重，也是属于持久性污染有机物的一种，它主要来源于农药残留和养殖类的饲料，在自然环境中难以降解且极难修复，主要包括铅、锌、铬、镉、汞等。它们给人体健康造成极大的非致癌风险或致癌风险。

2. 剂量—反应评估

剂量—反应评估是对化学物质或有害因子暴露水平与暴露人群健康效应发生率间的关系进行定量估算的过程，其目的为获得某化学物的剂量（浓度）与主要特定健康效应的定量关系，该过程是进行风险评价的定量依据。

对于农业面源污染而言，农业面源污染持久性有机物对人体的健康影响特别大，相关的流行病学和毒理学研究也证实了无论是有机氯类化合物还是重金属，均会对人体健康造成极大的非致癌风险或致癌风险。

3. 暴露评价指标筛选

暴露评价是定性或定量评估暴露量、暴露频率、暴露时间和暴露方式的方法，包括暴露人群的特征鉴定和污染化学物质或有害因子在环境介质中的浓度与分布确定，其目的是评估研究区域内人群接触某种污染化学物质或有害因子的程度。

暴露评价指标主要包括以下三个方面：暴露环境、确定暴露途径和定量暴露。其中，表征暴露环境是指对普通的环境物理特点和人群特点进行表征，确定敏感人群并描述人群暴露的特征。对于农业面源污染，由于其污染的广泛性和持久性，应选取研究区域具有代表性的暴露环境开展相关研究。

对于农业面源污染，确定暴露途径指标应根据污染持久性有机物的释放特征、污染物在环境介质中的迁移转化及潜在暴露人群的位置和活动情况，分析污染物质通过环境介质进入人体的三种途径：呼吸吸入、经口摄食和皮肤接触等，由于农业面源污染的关键污染因子最终是进入地表水体，故该污染的暴露途径指标主要是来源于经口摄食和皮肤接触；定量暴露是指定量表达各种暴露途径下的污染物暴露量的大小、暴露频次和暴露持续时间等。

关于农业面源污染的暴露评价，一般采用暴露模型法进行评价。美国环境保护署暴露评价模型中心（CEAM）是权威的暴露评价模型提供机构，它提供了多套定量评价地下水污染物迁移模型、地表水污染物迁移模型、污染物食物链迁移模型和综合评价多重暴露模型。因农业面源污染及其关键污染因子均是通过地表径流最终汇入主要的地表水体，故该污染的暴露评价将采用 CEAM 提供的地表水污染物迁移模型，该模型还科学地根据不同年龄阶段的人群对污染物的敏感程度不同，将暴露人群分为两类，即儿童（年龄小于 12 周岁）和成人（年龄大于 12 周岁）。因此，农业面源污染暴露评价模型指标筛选如下：

（1）经口摄食的暴露评价模型[①]：

$$CD_{ing} = \frac{C_w \times IR \times EF \times ED}{BW \times AT} \tag{5-11}$$

式中：

CD_{ing}：经口摄食的平均暴露量（毫克/千克·天）；

C_w：水样中检测到的关键污染因子平均浓度（微克/升）；

IR：暴露人群每天经口摄入水量（升/天），儿童为1.5升/天，成人为2.2升/天[①]；

EF：暴露频率（天/年），一般儿童和成人均为350天/年；

ED：暴露总时间（年），一般为平均寿命70年；

BW：平均体重（千克），一般年龄小于12周岁的儿童平均体重为22千克，年龄大于12周岁的成人平均体重为65千克[②]；

AT：已暴露平均时间，一般成人为2190天，成人为10950天。

（2）皮肤接触的暴露评价模型（王宗爽，2009）：

$$CD_{derm} = \frac{C_w \times SA \times K_p \times ET \times EF \times ED \times 10^3}{BW \times AT} \tag{5-12}$$

式中：

CD_{derm}：经皮肤接触的平均暴露量（毫克/千克·天）；

K_p：关键污染因子的渗透系数；

SA：经皮肤接触暴露的面积（平方厘米），儿童为6660平方厘米，成人为18000平方厘米（王宗爽，2009）；

ET：暴露频率（小时/天），儿童和成人均为0.6小时/天（王宗爽，2009）；

C_w，EF，ED，BW 和 AT 同上。

---

① 陈康：《健康风险评价中经饮水途径暴露参数的估计》，《环境卫生学杂志》2015年第4期。

② 王宗爽等：《环境健康风险评价中我国居民暴露参数探讨》，《环境科学研究》2009年第10期。

4. 风险表征指标筛选

风险表征是以关键污染因子风险危害的识别、剂量—反应评估和暴露评价三个阶段的数据为基础，整体估算研究区域可能产生的健康危害或某种健康效应发生的概率，一般包括风险大小定量估算和健康风险水平的评估两个阶段。

如第四章所述，农业面源污染导致的健康风险可分为非致癌风险①②和致癌风险两类。因此，农业面源污染环境健康损害的风险表征指标筛选就可依据上述两类风险评价的过程来开展。

（1）非致癌风险评估模型：

$$HQ_{ing/derm} = \frac{CD_{ing/derm}}{RfD_{ing/derm}} \tag{5-13}$$

$$RfD_{derm} = RfD_{ing} \times ABS_{GI} \tag{5-14}$$

$$HI = \sum_{i=1}^{n} (HQ_{ing} + HQ_{derm}) \tag{5-15}$$

式中：

HQ_{ing}：经口摄食途径暴露风险值；

HQ_{derm}：经皮肤接触途径暴露风险值；

CD_{ing}：经口摄食的平均暴露量（毫克/千克·天）；

CD_{derm}：经皮肤接触的平均暴露量（毫克/千克·天）；

RfD_{ing}：经口摄食的关键污染因子暴露参考量（微克/千克·天），Zn 为 300（微克/千克·天），Cu 为 40（微克/千克·天），Cd 为 0.5（微克/千克·天），Cr 为 3（微克/千克·天），As 为 0.3（微克/千克·天）（US EPA，2011）；

RfD_{derm}：经皮肤接触的关键污染因子暴露参考量（微克/千克·天），Zn 为 150（微克/千克·天），Cu 为 22.8（微克/千克·天），

① 侯捷等：《我国居民暴露参数特征及其对风险评估的影响》，《环境科学与技术》2014 年第 8 期。

② US EPA，“Exposure Factors Hangbook，2011 Edition”，Washington D. C.：US EPA，2011.

Cd 为 0.025（微克/千克·天），Cr 为 0.075（微克/千克·天），As 为 0.285（微克/千克·天）（US EPA，2011）；

ABS_{GI}：胃肠道吸收系数；

HI：经口摄食和经皮肤接触的非致癌风险值。

需要指出的是，经口摄食和经皮肤接触的非致癌风险值（HI）代表着农业面源污染对该区域的环境健康风险，若 HI 大于 1，则表示研究区域关键污染因子健康风险不可接受；若 HI 小于 1，则表示研究区域关键污染因子健康风险可接受。

（2）致癌风险评估模型：

如第四章所述，农业面源污染的致癌风险评估也可参考 USEPA 推荐的模型法来完成，一般采用线性多阶段模型来确定风险上界，当有多个致癌物质暴露影响时，致癌风险为各污染物的可能暴露途径产生的致癌风险之和，其风险评估模型如下（USEPA，2011）：

经口摄入途径的风险评估：

$$R_{ing} = CD_{ing} \times SF/70 \tag{5-16}$$

经皮肤接触途径的风险评估：

$$R_{derm} = CD_{derm} \times SF/70 \tag{5-17}$$

总致癌风险为：

$$R_{total} = R_{ing} + R_{derm} \tag{5-18}$$

式中：

R_{total}：总致癌风险；

R_{ing}：经口摄入途径的年均致癌风险；

R_{derm}：经皮肤接触途径的年均致癌风险；

SF：致癌强度系数；

CD_{ing}：经口摄食的平均暴露量（毫克/千克·天）；

CD_{derm}：经皮肤接触的平均暴露量（毫克/千克·天）。

（四）农业面源污染健康损害经济评估指标的筛选

如第四章所述，若对研究区域中的农业面源污染化合物或危害因子造成的环境健康风险评估结果为不可接受，那么就要对污染造成的健康损害进行经济评估，此时可采用人力资本法进行评估。因此，农业面源污染健康损害经济评估指标通常分两大类，一种情况是疾病带来的损失，包括疾病带来的损失如医疗费、本人误工、陪护人员误工损失等。另一种情况是死亡带来的损失。此处就不再赘述评估公式和具体指标。

三　经济评估指标集

如前所述，农业面源污染造成环境自身、直接经济和环境健康三个方面的损害，因此农业面源污染的环境损害经济评估指标体系将分为：农业面源污染环境自身损害的经济评估指标、农业面源污染直接经济损失评估指标和农业面源污染环境健康损害的经济评估指标三个框架部分，每个部分又分为指标类别、指标集和指标项。

（一）农业面源污染环境自身损害的经济评估指标

现将农业面源污染环境自身损害的经济评估指标整理归纳如下，如表5－1、表5－2、表5－3所示。

表5－1　　农业面源污染环境自身损害的经济评估指标：地表水

指标类别	指标集		指标项
地表水	环境基线		《地表水环境质量标准》《生活饮用水卫生规范》《农业灌溉水质标准》和《渔业水质标准》
	时空范围		时间范围为研究选取，空间范围为研究区域
	关键污染因子		持久性有机物及其浓度：重金属和含氯类有机物；非持久性有机物：氮、磷类化合物
	评估方法	市场价格法	S_i、P_i 和 V
		揭示偏好法	环境污染损害发生前的景点的经济价值 V_f、污染损害发生后的景点的经济价值 V_n
		陈述偏好法	消费者支付意愿（WTP）和消费者接受补偿意愿（WTA）
		效益转移法	用环境社会经济条件类似地区已有的研究来估算环境损害金额
		Johnes 输出系数法	同农业面源污染直接经济损失评估指标

表 5－2　　农业面源污染环境自身损害的经济评估指标：地下水

地下水	环境基线		《地表水环境质量标准》《生活饮用水卫生规范》《农业灌溉水质标准》和《城市供水质量标准》
	时空范围		时间范围为研究选取，空间范围为研究区域
	关键污染因子		持久性有机物及其浓度：重金属和含氯类有机物；非持久性有机物：氮、磷类化合物
	评估方法	市场价格法	S_i、P_i 和 V_i
		揭示偏好法	环境污染损害发生前的景点的经济价值 V_f、污染损害发生后的景点的经济价值 V_n
		陈述偏好法	消费者支付意愿（WTP）和消费者接受补偿意愿（WTA）
		效益转移法	用环境社会经济条件类似地区已有的研究来估算环境损害金额
		Johnes 输出系数法	同农业面源污染直接经济损失评估指标

表 5－3　　农业面源污染环境自身损害的经济评估指标：土壤和沉积物

土壤和沉积物	环境基线		《土壤环境质量标准》和《国际沉积物环境质量标准》
	时空范围		时间范围为研究选取，空间范围为研究区域
	关键污染因子		持久性有机物及其浓度：重金属和含氯类有机物；非持久性有机物：氮、磷类化合物
	评估方法	市场价格法	S_i、P_i 和 V_i
		揭示偏好法	环境污染损害发生前的景点的经济价值 Vf、污染损害发生后的景点的经济价值 Vn
		陈述偏好法	消费者支付意愿（WTP）和消费者接受补偿意愿（WTA）
		效益转移法	用环境社会经济条件类似地区已有的研究来估算环境损害金额
		Johnes 输出系数法	同农业面源污染直接经济损失评估指标

1. 经济评估指标类别

农业面源污染环境自身损害的经济评估指标类别包括：地表水、地下水及土壤和沉积物三类。

2. 经济评估指标集

农业面源污染环境自身损害的经济评估指标集包括环境基线、

损害时间和空间范围、有害因子、经济评估方法四个指标集。

3. 经济评估指标项

农业面源污染环境自身损害环境基线指标包括地表水、地下水、土壤和沉积物的环境基线指标四项。如前所述，具体为国家环境保护部环境基线的各类标准；损害时间和空间范围指标包括农业面源污染环境自身损害的时间和农业面源污染环境自身损害的研究区域两项；关键污染因子指标包括有害因子类别和有害因子浓度两项。其中，有害因子类别为农业面源污染持久性有机物和非持久性有机物。前者包含难以降解的含氯类农药污染有机物和重金属等，后者包含含氮类化合物和含磷类化合物。

经济评估方法主要为环境价值评估法，包含市场价格法、揭示偏好法、陈述偏好法和效益转移法四项。实际应用中应根据农业面源污染研究区域的实际情况来选择对应的经济评估方法。

经济评估具体指标包括各种经济评估方法需要对应收集的各项具体指标：S_i：第 i 种污染关键因子对环境自身损害的修复总费用（元）；P_i：第 i 种污染关键因子市场修复价格（元/立方米）；V_i：第 i 种污染关键因子受损资源量（立方米）。例如，受损水资源量（立方米）、单位水量市场修复价格（元/立方米）、土壤受损土方量（立方米）和单位土方市场修复价格（元/立方米）等。

（二）农业面源污染直接经济损失评估指标

农业面源污染直接经济损失主要是由总氮和总磷的污染负荷带来农田土地侵蚀经济损失评估、畜禽养殖污染经济损失评估、水产养殖污染经济损失评估和农村生活污染经济损失评估四个方面污染负荷，从而造成经济损失。本书将采用 Johnes 输出系数法来进行，其具体评估指标如表 5－4 所示。

1. 经济评估指标类别

农业面源污染直接经济损失评估指标类别包括农业面源污染物负荷评估指标和污染直接经济损失评估指标两大类。

表 5－4　　农业面源污染直接经济损失评估指标

指标类别	指标集	指标项
污染物总负荷指标	农田土地侵蚀污染物负荷评估指标	E_i，A_i，I_i
	畜禽养殖污染负荷评估指标	
	水产养殖污染负荷评估指标	
	农村生活污染负荷评估指标	
污染直接经济损失评估指标	土壤养分流失经济损失评估指标	S_i，T_i，K_i，C
	土壤有机质流失经济损失评估指标	E，Z，C，P
	泥沙流失和滞留淤积经济损失指标	E，Z，P，p
	土壤水分流失经济损失指标	E，Z，W，P，p
	畜禽养殖污染经济损失指标	S_i，T_i，K_i，C
	水产养殖污染经济损失指标	S_i，T_i，K_i，C
	农村生活污染经济损失指标	S_i，T_i，K_i，C

2. 经济评估指标集

对于农业面源污染负荷评估，其经济评估指标集包括农田土地侵蚀污染物负荷评估指标、畜禽养殖污染负荷评估指标、水产养殖污染负荷评估指标和农村生活污染负荷评估指标四类。

对于污染直接经济损失评估，其评估指标集为污染直接经济损失指标集，包括农田土地侵蚀污染经济损失评估指标、畜禽养殖污染经济损失评估指标、水产养殖污染经济损失评估指标和农村生活污染经济损失评估指标四类，其中农田土地侵蚀污染经济损失指标又包括土壤养分流失经济损失评估、土壤有机质流失经济损失评估、泥沙流失和滞留淤积经济损失评估及土壤水分流失经济损失评估四个方面指标。

3. 经济评估指标项

农业面源污染负荷评估中的污染物总负荷指标集中四类指标对

应的具体指标项，如前所述，包括 E_i，具体指总氮和总磷两种营养源输出系数（千克·公顷/年），其中输出系数又具体分为农田土壤侵蚀输出系数、畜禽养殖输出系数、水产养殖输出系数和农村生活污染输出系数；A_i，具体指总氮和总磷两种营养源土地利用类型面积（公顷）或牲畜数量、水产养殖面积、人口数量；I_i，具体指总氮和总磷两种营养源营养物输入量（千克）。

农业面源污染负荷评估中的污染直接经济损失指标集中四类指标对应的具体指标项，如前所述，包括 S_i，具体指氮和磷养分流失所损失的价值；K_i，具体指氮和磷养分折算为磷酸二铵的系数等。

（三）农业面源污染环境健康损害的经济评估指标

农业面源污染环境健康损害的经济评估由环境健康风险评估和污染健康损害经济评估两部分组成，其中污染环境健康风险评估又包含非致癌风险评估和致癌风险评估两类。污染造成健康损害进行经济评估，采用人力资本法进行评估。因此，农业面源污染环境健康损害的经济评估指标如表 5-5 所示。

表 5-5　农业面源污染环境健康损害的经济评估指标

指标类别	指标集		指标项
环境健康风险评估指标	关键污染因子指标		污染持久性有机物：重金属和有机氯类化合物
	暴露评价指标	经口摄食暴露评价指标	CD_{ing}，C_w，IR，EF，ED，BW 和 AT
		经皮肤接触暴露评价指标	CD_{derm}，SA，K_p，ET，C_w，EF，ED，BW 和 AT
	风险表征指标	非致癌风险评估指标	HQ_{ing}，HQ_{derm}，CD_{ing}，CD_{derm}，RfD_{ing}，RfD_{derm}，ABS_{GI} 和 HI
		致癌风险评估指标	CD_{ing}，CD_{derm}，SF，R_{ing}，R_{derm} 和 R_{total}
污染健康损害经济评估指标	人力资本评估指标	疾病经济损失评估指标	I，L_i 和 M_i
		过早死亡经济损失评估指标	V，π_{t+i}，E_{t+i}，r 和 T

1. 经济评估指标类别

农业面源污染环境健康损害的经济评估指标包括环境健康风险评估指标和污染健康损害经济评估指标两大类。

2. 经济评估指标集

环境健康风险评估，其指标集包括关键污染因子指标、暴露评价指标和风险表征指标三类。其中，暴露评价指标又由经口摄食暴露评价指标和经皮肤接触暴露评价指标组成。风险表征指标又由非致癌风险评估指标和致癌风险评估指标组成。

污染健康损害经济评估，其指标集由人力资本评估指标构成，其又包括疾病经济损失评估指标和过早死亡经济损失评估指标。

3. 经济评估指标项

环境健康风险评估指标类别中的关键污染因子指标项为污染持久性有机物：重金属和有机氯类化合物；暴露评价中经口摄食暴露评价指标项为 CD_{ing}：经口摄食的平均暴露量，C_w：水样中检测到的关键污染因子平均浓度，IR：暴露人群每天经口摄入水量，EF：暴露频率，ED：暴露总时间，BW：平均体重和 AT：已暴露平均时间；暴露评价中经皮肤接触暴露评价指标项为 CD_{derm}：经皮肤接触的平均暴露量，SA：经皮肤接触暴露的面积，K_p：关键污染因子的渗透系数，ET：暴露频率，以及 C_w，EF，ED，BW 和 AT 等；风险表征中非致癌风险评估指标项为，HQ_{ing}：经口摄食途径暴露风险值，HQ_{derm}：经皮肤接触途径暴露风险值，CD_{ing}：经口摄食的平均暴露量，CD_{derm}：经皮肤接触的平均暴露量，RfD_{ing}：经口摄食的关键污染因子暴露参考量，RfD_{derm}：经皮肤接触的关键污染因子暴露参考量，ABS_{GI}：胃肠道吸收系数和 HI：经口摄食和经皮肤接触的非致癌风险值；风险表征中致癌风险评估指标项为 R_{total}：总致癌风险，R_{ing}：经口摄入途径的年均致癌风险，R_{derm}：经皮肤接触途径的年均致癌风险；SF 为致癌强度系数；CD_{ing}和 CD_{derm}同上。

污染健康损害经济评估类别中的人力资本评估指标，其疾病经济

损失评估指标项为 I：疾病所带来的损失，L_i：第 i 类人由于生病不能工作所带来的平均工资损失，M_i 第 i 类人的医疗费用（包括门诊费、医药费、治疗费等）；其过早死亡经济损失评估指标项为 V：过早死亡所带来的损失，π_{t+i}：年龄为 t 的人活到 $t+i$ 年的概率，E_{t+i}：在年龄为 $t+i$ 时的预期收入，r：贴现率和 T：从劳动力市场退休的年龄。

第六章

农业面源污染环境损害经济评估体系的模糊综合评价与影响因素分析

第一节　农业面源污染环境损害经济评估体系的模糊综合评价

一　经济评估体系模糊综合评价概述

通过对农业面源污染的环境损害经济评估体系的构建原则所要求的六个特性，即经济科学性、逻辑性、系统性与层次性、定性与定量相结合、可操作性、兼容性的综合考量，结合借鉴国内外已有的研究成果，并全面考虑农业面源污染的环境损害经济评估影响因素和目标核心，本书构建了一套相对完整的针对农业面源污染的环境损害经济评估指标体系。

在农业面源污染环境损害经济评估体系基本构建完成的基础上，对其进行切实有效的综合评价以判断其是否符合构建的六大原则。具体来讲，通过对本书提出的农业面源污染环境损害经济评估体系的综合评价，可以得出针对本评估体系的客观真实的评价结果，从而检验体系本身的完整性与新颖性，同时对进一步地优化与改进具有重要的参考价值。层次分析法与模糊综合评价法相结合的评价模型，具有定性与定量相结合的优势，良好地适应了对经济评估体系进行综合评价的需要。

依据本书提出的农业面源污染环境损害经济评估体系的主要内容与实施方法，结合经济评估体系的构建原则和依据，本节运用模糊理论，利用模糊语言变量和模糊数可用于量化模糊信息的特点，应用层次分析法和模糊综合评价法，对农业面源污染环境损害经济评估体系进行了综合评价，旨在考察本书所提出的经济评估体系是否遵循了客观规律及理论依据，并从理论层面验证本书思路的可行性和正确性。

二　经济评估体系综合评价因素排序：层次分析法（AHP）

（一）层次分析法

层次分析法（AHP）是一种著名的多准则决策研究方法[①]，该方法将定量与定性相结合，在难以全部量化处理的复杂问题中应用广泛，具有高度的逻辑性、系统性、简洁性和实用性等优点。层次分析法的主要思想就是将复杂的问题分解在若干个分析因素上，这些因素可以进一步地按照相关支配关系进行递阶分层。分层确定后，将处于同一层次上的因素按其重要程度进行比较，进而构造对应的判断矩阵，并采用特征向量法计算各组成要素的相对权重。

（二）评价指标层次结构的建立

结合 AHP 的方法和思想，本书将评价问题进行了多层次分解，并依据农业面源污染环境损害经济评估体系的特点及建立原则，建立了每一层次上的评价论域，其中根据评价对象确定目标层指标为“农业面源污染环境损害经济评估体系”，根据经济评估体系所包含的三个评估方面确定了准则层指标 3 个，根据体系构建的 6 个原则，

---

① T. L. Saaty, “Decision Making with the Analytic Hierarchy Process”, Int. J. *Services Sciences*, Vol. 1, No. 1, 2008.

确定了指标层指标 18 个，形成了较为完备的层次结构模型。评价指标的递阶层次结构如表 6 - 1 所示。

表 6 - 1　　评价指标层次结构

目标层	准则层	指标层
农业面源污染环境损害经济评估体系	环境自身损害的经济评估（A_1）	科学性 a_{11}
		逻辑性 a_{12}
		系统性与层次性 a_{13}
		定性与定量结合性 a_{14}
		可操作性 a_{15}
		兼容性 a_{16}
	直接经济损失评估（A_2）	科学性 a_{21}
		逻辑性 a_{22}
		系统性与层次性 a_{23}
		定性与定量结合性 a_{24}
		可操作性 a_{25}
		兼容性 a_{26}
	环境健康损害的经济评估（A_3）	科学性 a_{31}
		逻辑性 a_{32}
		系统性与层次性 a_{33}
		定性与定量结合性 a_{34}
		可操作性 a_{35}
		兼容性 a_{36}

三　经济评估体系模糊层次（F - AHP）综合评价模型建立

（一）模糊综合评价法

模糊综合评价法（Fuzzy Comprehensive Evaluation）是 19 世纪 60 年代由美国控制论专家 Lotfi. A. Zadeh 提出的一种以模糊数学作为研究评价基础，运用模糊关系的合成原理，结合多种因素的影响，综合地评价特定评价对象的隶属等级的方法，具备良好的经济效益①和社会效益。② 方法的主要优点在于模糊综合评判过程是评估人对被评估对象认识过程的一种数学表达。模糊综合评价与常用的定量评估的差异在于，被评估对象有着相对模糊的多个评价指标，这些评价指标不能得到明确的结果。因此，该方法能很好地克服评估指标和评估标准模糊等问题，降低因人的主观判断带来的不良影响，使得评估结果更加客观和准确，适合运用在经济评估的问题上。③

本节首先依据农业面源污染环境损害经济评估体系的特点选取评价因素集、确定备择评语集；然后寻找评价因素集中各元素对备择集中各元素的隶属关系，建立模糊评价矩阵；同时，各因素权重的确定运用群决策层次分析法来进行；最终，结合各因素的权重值和模糊评判矩阵计算出综合评价向量及综合评价值，从而提出了一套适用于农业面源污染环境损害经济评估体系的综合评价模型。其具体步骤如下：

（二）确定模糊评价因素集

为了对农业面源污染环境损害经济评估体系开展综合评价，根据前文建立的评价指标层次结构，确定了评价主因素集为 $U=\{A_1, A_2, A_3\}$，由 3 个评价对象构成，分别是环境自身损害的经济评估（A_1）、直接经济损失评估（A_2）、环境健康损害的经济评估（A_3）。同时，进一步确定每个主因素集 X_i 由 n 个具体评价指标构成，可表示为 $X_i=\{x_{i1}, x_{i2}, \cdots, x_{in}\}$，$x_{ij}$（$i=1, 2, \cdots, m$；$j=1, 2, \cdots,$

---

① J. M. Fernández Salido, S. Murakami, "Rough Set analysis of a General Type of Fuzzy Data using Transitive Aggregations of Fuzzy Similarity Relations", *Fuzzy Sets Syst*, Vol. 3, No. 139, 2003.

② L. A. Zadeh, "Outlineofa New Approach to the Analysis of Complex Systems and Decision Processes", *IEEE Transactionson Systems*, Man, and Cybernetics, Vol. 1, No. 3, 1973.

③ F. Li, J. D. Zhang, J. Yang, et al., "Site - specific Risk Assessment and Integrated Management Decision - making: A Case Study of a Typical Heavy Metal Contaminated Site, Middle China", *Human and Ecological Risk Assessment*, Vol. 5, No. 22, 2016.

n）代表第 i 类子因素集的第 j 个具体评价指标。

（三）确定备择评语集

本书根据系统实施的实际情况及评价目标的要求，将体系各个指标的满意度划分为五个等级，用“优秀，良好，合格，基本合格，不合格”来表示，并以此建立模糊评语集，表示为 $V=\{v_1, v_2, v_3, v_4, v_5\}$，同时确定评语集对应的数值集为 $N=\{n_1, n_2, n_3, n_4, n_5\}=\{90, 81, 68, 57, 45\}$。

（四）确定各指标权重值

在层次结构已经建立的基础上，需要确定下一层次上的各指标相对于上一层次的某一因素的相对重要程度的权重，即对某一层次上的指标进行两两对比，构造出综合评价的判断矩阵。笔者借“2016 年环境法医及损害赔偿国际研讨会”的机会，对业内 5 名权威专家进行了指标权重的调研，此外，为使所获得数据更加全面科学，本书还选取了来自政府有关部门和有关科技学术领域的专业委员会、医学研究机构、司法鉴定机构的 5 位政府管理部门领导、环境污染损害评估方面的 10 位专家为调研对象，最终构建判断矩阵如表 6－2 至表 6－5 所示：

表 6－2　以 U 为判断准则的判断矩阵

	A_1	A_2	A_3
A_1	1	1	1
A_2	1	1	1
A_3	1	1	1

表 6－3　环境自身损害的经济评估判断矩阵

	a_{11}	a_{12}	a_{13}	a_{14}	a_{15}	a_{16}
a_{11}	1	5	7	7	5	7
a_{12}	1/5	1	2	1/3	1/5	3

续表

	a_{11}	a_{12}	a_{13}	a_{14}	a_{15}	a_{16}
a_{13}	1/7	1/2	1	1/3	1/5	1/3
a_{14}	1/7	3	3	1	1/3	4
a_{15}	1/5	5	5	3	1	5
a_{16}	1/7	1/3	3	1/4	1/5	1

表 6-4　　直接经济损失评估判断矩阵

	a_{21}	a_{22}	a_{23}	a_{24}	a_{25}	a_{26}
a_{21}	1	5	6	6	5	7
a_{22}	1/5	1	4	1/4	1/4	4
a_{23}	1/6	1/4	1	1/3	1/4	1/3
a_{24}	1/6	4	3	1	1/3	3
a_{25}	1/5	4	4	3	1	5
a_{26}	1/7	1/4	3	1/3	1/5	1

表 6-5　　环境健康损害的经济评估判断矩阵

	a_{31}	a_{32}	a_{33}	a_{34}	a_{35}	a_{36}
a_{31}	1	5	7	7	6	7
a_{32}	1/5	1	2	1/4	1/5	3
a_{33}	1/7	1/2	1	1/4	1/6	1/3
a_{34}	1/7	4	4	1	1/4	5
a_{35}	1/6	5	6	4	1	6
a_{36}	1/7	1/3	3	1/5	1/6	1

运用层次单排序处理判断矩阵，求得主因素权重为

$$W_U = (0.333,\ 0.333,\ 0.333) \tag{6-1}$$

然后引入检验判断矩阵一致性的指标 $C.I.$ 与修正指数的比值 $C.R.$ 来检验判断思维的一致性。可计算得判断矩阵的最大特征值 $\lambda_{\max}=4$。$C.I. = \frac{|3-3|}{3} = 0$，$C.R. = \frac{C.I.}{0.58} = 0 < 0.1$。同理，得到的各评价指标权重向量。

$W_{A_1}=(0.497,\ 0.072,\ 0.037,\ 0.120,\ 0.225,\ 0.048)$，$C.R.=0.073<0.1$　(6-2)

$W_{A_2}=(0.485,\ 0.086,\ 0.037,\ 0.127,\ 0.215,\ 0.050)$，$C.R.=0.038<0.1$　(6-3)

$W_{A_3}=(0.495,\ 0.066,\ 0.033,\ 0.126,\ 0.236,\ 0.044)$，$C.R.=0.037<0.1$　(6-4)

（五）对准则层指标A_i进行第一级模糊综合评价

利用具体调研得到的数据可以得出a_{ij}（$i=1,\ 2,\ \cdots,\ m$）对评价等级v_t（$t=1,\ 2,\ 3,\ 4,\ 5$）的隶属度r_{ijt}，其中$rx_{ijt}=\frac{k_{ijt}}{k}$，$k$表示调研总人数，$k_{ijt}$表示调研对象对具体指标$x_{ij}$的评价为$v_t$的人数，从而可以计算得到第一级模糊综合评价的隶属矩阵R_i

$$R_i=\begin{bmatrix} r_{i11} & r_{i12} & r_{i13} & r_{i14} & r_{i15} \\ r_{i21} & r_{i22} & r_{i23} & r_{i24} & r_{i25} \\ \cdots & \cdots & \cdots & \cdots & \cdots \\ r_{in1} & r_{in2} & r_{in3} & r_{in4} & r_{in5} \end{bmatrix},\ i=1,\ 2,\ \cdots,\ m \quad (6-5)$$

其中，$\sum_{t=1}^{5} r_{ijt}=1$；$j=1,\ 2,\ \cdots,\ n$；n表示A_i中具体指标的个数。于是，我们可以得到第一级模糊综合评价结果：

$$S_i=W_{Ai}\cdot R_i$$

$$=(w_{i1},\ w_{i2},\ \cdots,\ w_{in})\cdot\begin{bmatrix} r_{i11} & r_{i12} & r_{i13} & r_{i14} & r_{i15} \\ r_{i21} & r_{i22} & r_{i23} & r_{i24} & r_{i25} \\ \cdots & \cdots & \cdots & \cdots & \cdots \\ r_{in1} & r_{in2} & r_{in3} & r_{in4} & r_{in5} \end{bmatrix}$$

$$=(s_{i1},\ s_{i2},\ s_{i3},\ s_{i4},\ s_{i5}) \quad (6-6)$$

其中，$s_{it}=\sum_{j=1}^{n} w_{in}.\ r_{ijt}$（$t=1,\ 2,\ 3,\ 4,\ 5$）。

（六）对目标层U进行第二级模糊综合评价

将准则层指标A_i作为一个单独的指标，用S_i代表子因素A_i的单因素评价，从而可以得出农业面源污染环境损害经济评估体系综合评价的第二级模糊评价的隶属矩阵，用$R=(S_1, S_2, \cdots, S_m)^T$表示，$A_i$对 U 的权重为$W_U=(w_1, w_2, \cdots, w_m)$，将权重向量 W 与模糊关系矩阵 R 进行复合运算，得出第二级模糊综合评价的结果，即综合评判结果 S。

$$S=W_U \cdot R=(w_1, w_2, w_3).(S_1, S_2, S_3)^T=(s_1, s_2, \cdots, s_5) \quad (6-7)$$

（七）对模糊综合评价结果的处理

农业面源污染的环境损害经济评估体系综合评价向量 S 的元素s_i（$t=1, 2, 3, 4, 5$）称为模糊综合评价指标，其含义为将农业面源污染环境损害经济评估体系的所有评价因素的可能结果纳入考虑范围时，评价集中第 t 个评语等级的隶属度，即确定了最终的评价结果。

四　农业面源污染环境损害经济评估体系的 F－AHP 评价

本书选取来自政府有关部门和有关科技学术领域的专业委员会、医学研究机构、司法鉴定机构的 5 位政府管理部门领导、环境污染损害评估方面的 10 位专家及 5 位业内专业人士作为调研对象，于 2016 年 4 月由中国环境科学学会主办的“2016 年环境法医及损害赔偿国际研讨会”期间，就本书提出的经济评估体系进行了为期 5 天的走访调研，收集了相关调研数据，从而验证本书提出的经济评估体系的可行性和创新性。

依据本书建立的模糊综合评价模型，首先要对子因素集进行第一层模糊综合评价。根据调研所得数据计算得出的隶属矩阵为：

$$R_1=\begin{bmatrix} 0.80 & 0.15 & 0.05 & 0.00 & 0.00 \\ 0.40 & 0.30 & 0.10 & 0.10 & 0.10 \\ 0.55 & 0.25 & 0.15 & 0.05 & 0.00 \\ 0.45 & 0.40 & 0.10 & 0.05 & 0.00 \\ 0.50 & 0.25 & 0.15 & 0.05 & 0.05 \\ 0.45 & 0.15 & 0.10 & 0.15 & 0.15 \end{bmatrix} \quad (6-8)$$

$$R_2=\begin{bmatrix}0.65 & 0.15 & 0.15 & 0.05 & 0.05\\ 0.30 & 0.30 & 0.15 & 0.15 & 0.10\\ 0.55 & 0.25 & 0.15 & 0.05 & 0.00\\ 0.50 & 0.40 & 0.05 & 0.05 & 0.00\\ 0.35 & 0.35 & 0.20 & 0.05 & 0.05\\ 0.45 & 0.25 & 0.15 & 0.05 & 0.10\end{bmatrix} \tag{6-9}$$

$$R_3=\begin{bmatrix}0.50 & 0.25 & 0.15 & 0.05 & 0.05\\ 0.25 & 0.30 & 0.20 & 0.10 & 0.15\\ 0.55 & 0.25 & 0.15 & 0.05 & 0.00\\ 0.40 & 0.40 & 0.10 & 0.10 & 0.00\\ 0.30 & 0.25 & 0.25 & 0.10 & 0.10\\ 0.45 & 0.15 & 0.10 & 0.15 & 0.15\end{bmatrix} \tag{6-10}$$

利用公式（6－7）构建第一层模糊综合评价结果：

$$S_1=W_{A_1}\cdot R_1=(0.497,\ 0.072,\ 0.037,\ 0.120,\ 0.225,\ 0.048).\begin{bmatrix}0.80 & 0.15 & 0.05 & 0.00 & 0.00\\ 0.40 & 0.30 & 0.10 & 0.10 & 0.10\\ 0.55 & 0.25 & 0.15 & 0.05 & 0.00\\ 0.45 & 0.40 & 0.10 & 0.05 & 0.00\\ 0.50 & 0.25 & 0.15 & 0.05 & 0.05\\ 0.45 & 0.15 & 0.10 & 0.15 & 0.15\end{bmatrix}$$

$$=(0.635,\ 0.217,\ 0.088,\ 0.034,\ 0.026) \tag{6-11}$$

同理可得：

$$S_2=(0.523,\ 0.246,\ 0.124,\ 0.059,\ 0.049) \tag{6-12}$$

$$S_3=(0.423,\ 0.268,\ 0.168,\ 0.076,\ 0.065) \tag{6-13}$$

五　综合评价结论

对准则层指标进行第二级模糊综合评价，即进行模糊矩阵的复合运算可得：

$$S = W_U \cdot \begin{bmatrix} S_1 \\ S_2 \\ S_3 \end{bmatrix} = (0.527,\ 0.244,\ 0.127,\ 0.056,\ 0.046) \tag{6-14}$$

即农业面源污染环境损害经济评估体系在“优秀、良好、合格、基本合格、不合格”五个等级上的隶属度分别为 0.527，0.244，0.127，0.056，0.046。同理，可以计算得到准则层各指标的隶属度如表 6－6 所示。

表 6－6　　各主要指标隶属度统计

指标	隶属度等级				
	优秀	良好	合格	基本合格	不合格
环境自身损害的经济评估（A_1）	0.635	0.217	0.088	0.034	0.026
直接经济损失评估（A_2）	0.523	0.246	0.124	0.059	0.049
环境健康损害的经济评估（A_3）	0.423	0.268	0.168	0.076	0.065

将前文得到的评语集对应的数值集 N 与最终评价向量相乘后，可以得本书提出的农业面源污染环境损害经济评估体系的最终得分为 $F = S \cdot N = 81.08$ 分，属于“良好”水平。根据最大隶属度原则，环境自身损害的经济评估隶属于“优秀”等级的隶属度为 0.635，所以对其评价为“优秀”；直接经济损失评估隶属于“优秀”等级的隶属度为 0.523，评价等级为“优秀”；环境健康损害的经济评估隶属于“优秀”级别的隶属度为 0.423，隶属于“良好”级别的隶属度为 0.268，通过对具体指标的分析，可以看出专家对健康损害的经济评估在逻辑性和可操作性两方面的表现不够满意，所以在这两方面本经济评估体系仍有提升的空间。

该评价结果与实际相符，数据客观真实，从而验证了本书所提出的农业面源污染环境损害经济评估体系遵循了一定的原则和依据，是一种可行有效且具有创新意义的新型农业面源污染环境损害经济评估体系。同时，通过对调研结果的进一步分析，得出本书提出的经济评估体系在逻辑性和可操作性方面考虑仍有欠缺，仍然需要在实践中对评估方法进行修正与改进的结论，因此本次综合评价对进一步提升和改进经济评估体系具有较深刻的意义。

第二节　农业面源污染环境损害经济评估的影响因素分析

农业面源污染的环境损害经济评估主要有三个方面，即环境自身损害的经济评估、污染直接经济损失的评估和污染健康损害的经济评估。通过模糊综合评价和对政府领导、专家和业内人士的调研，经济评估的三个方面均存在许多影响因素，这些都会对经济评估的结果带来直接影响，因此均是有待提高和完善的地方。

一　环境自身损害经济评估的影响因素分析

（一）评估方法的选择对环境自身损害经济评估的影响

农业面源污染环境自身损害的经济评估，其方法主要包含替代等值分析法和环境价值评估法。前者又称恢复方案式评估方法，其包括：资源等值分析法、服务等值分析法和价值等值分析法三种方法，是为了完全补偿环境损害造成的影响，通过方案的选择和实施，实现环境损害的货币化。后者包括市场价值法、揭示偏好法、陈述偏好法和效益转移法等。

污染事故的发生会造成环境资源与环境基线水平之间出现差距，该差距导致环境自身损害的发生，农业面源污染环境自身损害就是指该损害发生引发的经济损失。如前所述，将损害货币化的方法均分为两大类，一类是替代等值分析法即恢复方案式评估方法，用为修复已受损的环境资源至基线水平而设计的恢复方案实施所花费的相关费用来估算；另一类是环境价值评估法也就是传统的经济评估方法。选择不同的评估方法，进行具体的经济评估时运用的指标就会不同，产生的评估结果就会不一样。

1. 环境污染损害评估方法的选择原则

若要顺利开展农业面源污染的环境损害经济评估应遵循以下几点原则①：

第一，以能评估环境污染自身损害的全部环境资源的价值为原则。环境资源的总价值可以分为使用价值和非使用价值。因此，估算出由农业面源污染引起环境损害而导致的经济损失，得出的赔偿金额必须能包含由该污染导致的环境资源损害而造成的各类别价值的损失量。

第二，以能实现环境污染自身损害评估根本目的为原则。进行环境损害评估并不是简单地为了知道受到损害的一个金额数字，最终是为了保护并修复受到损害的环境资源，运用评估方法估算出应该赔偿的金额，这不仅是一个具体的数值而已，得到合适的赔偿金额对于投资修复受到损害的环境资源，保护公众的利益，有着更重要的深层意义。但是，在经济评估的具体实施时，环境资源的货币化是关键而艰难的一步，其计算的步骤非常多，且大多都不是简单的运算，消耗时间比较长，对于保护和修复已经受到损害的环境资源的工作非常不利。因此，恢复方案式评估方法是要比传统的经济评估方法更加适合的，包括更全面地体现出环境资源的价值和实现保护公众利益这个环境损害评估的最终目的两方面。故在选用环境损害评估方法时，应优先考虑选用恢复方案式评估方法。

2. 恢复方案式评估法与传统经济评估方法的对比

尽管恢复方案式评估方法对于一般的环境污染无论从评估的准确度和全面性上都优于传统的经济评估方法，但在有些研究情况下，传统的经济评估方法更适合，原因如下：

第一，基线水平在实施修复方案的过程中是无法被衡量的，所

① 邓锋琼：《论环境污染损害评估机制》，《环境保护》2014 年第 8 期。

以在评估生物资源受到农业面源污染的影响而产生的经济损失时，在选择能代表生物体内存在的污染物浓度或者说对照区生物个体发病率的值时，不应该选择基线水平，否则无法得到结果。但若是运用 Jones 输出系数法，并且结合环境价值评估法，则能够较好地评估这部分农业面源污染中的直接经济损失。

第二，对于农业面源污染造成的地表水、地下水、沉积物、土壤等生境资源，由于其污染的长期性和广泛性，可能不适合采用修复工程，此时就需要运用经济评估的方法估算其导致的经济损失，也就是修复费用。

第三，对于农业面源污染造成的某些环境资源，例如，富营养化造成的水资源损失，由于某些技术政策限制的原因，无法经过修复工程修复后完全恢复到污染前的状态，那么就需要运用经济评估的方法估算出所损失的价值。

第四，对于农业面源污染的修复或恢复，因农业乃国民经济的基础，其恢复工程的成本大于预期收益，故不宜采用恢复方案式评估方法，转而采取传统的经济评估方法进行估算，这样对农业面源污染较为严重的部分区域，评估其经济损失对指导地方生态文明建设和绿色农业的发展有着重大的意义。

因此，农业面源污染对环境自身损害的经济损失评估方法中恢复方案式评估法与传统的经济评估方法评估均有其优劣点，不同的方法会直接影响着评估结果的不同。

（二）环境资源的特殊功能和价值对环境自身损害经济评估的影响

在农业面源污染的环境自身损害的经济损失评估中，对于污染造成的地表水、地下水、沉积物、土壤等生境资源，由于污染的随机性、长期性和广泛性，不适宜采取环境替代等值法。因此，通过对污染关键因子的识别，污染时空范围，环境基线的选择和污染关键因子污染程度的判断，此时宜利用环境价值评估法中的市场价格法来计算由于农业面源污染给环境自身造成的经济损失。

但是，正如前章所述，环境资源具备不同的价值，它除了存在可以被人类直接或间接使用的价值外，还存在与人类未来生存相关的非使用价值。这种价值不以人类的喜好和意志为转移，例如，新鲜的空气，除了具有人呼吸的使用功能外，若其不存在了，则人类完全无法生存，更谈不上呼吸，这种环境存在而使人满足或必需感，就是非使用价值。

因此，环境自身损害的经济评估应涵盖因农业面源污染而起的所有环境经济损失，其计算出来的经济损失金额应该包含因环境自身损害而引起的使用价值和非使用价值的损失量。然而，一方面，通过环境价值评估法中的四种经济评估方法，只是一种将环境资源恢复的货币化手段，只能反映环境资源的一种或一方面的价值损失，并不能完美地反映环境资源的各种价值损失，例如，市场价格法就只能反映该环境资源的直接使用价值损失。另一方面，环境资源的部分价值及功能服务并不能够直接或者间接通过市场价格来表现，例如，虽然降解化学需氧量含量均有许多化学和生物的方法，但是市场上却没有一个统一的修复价格，故无法用经济价值的损失来衡量农业面源污染中含氯类有机物造成的环境自身的损害。而农业面源污染中的恢复方案式评估方法的目的是修复环境资源，它将环境资源修复至基线水平的状态和恢复其所有的功能和价值纳入评估范围，能充分反映环境价值的全面性。但是，这种恢复方案式评估方法就需要大量的历史文献资料和长期性的实地检测工作来完成方法中的评估指标数据，在快速和简易性方面不如环境价值评估法。

因此，无论是农业面源污染环境自身损害经济中评估恢复方案式评估法与传统的经济评估方法均不能较好地评估环境资源的特殊功能和价值，这会对结果产生一定影响。

二　污染直接经济损失评估的影响因素分析

农业面源污染对造成的直接经济损失评估包括农田土壤侵蚀经济损失评估、畜禽养殖污染经济损失评估、水产养殖污染经济损失评估和农村生活污染经济损失评估四个方面。其造成的污染直接经济损失包含农业面源污染负荷评估和污染直接经济损失评估两个阶段。在农业面源污染的研究中，负荷评估部分采用 Johnes 输出系数法来进行，利用污染物输出系数来估算流域输出的面源污染负荷来估算该区域总氮、总磷和化学需氧量的污染现状和程度。污染直接经济损失评估是利用环境价值评估法中的恢复费用法和揭示偏好法（替代价格法）来对农业面源污染中的总氮和总磷对该流域造成的直接经济损失进行评估。

（一）评估指标的选取对污染直接经济损失评估的影响

在评估体系的模糊综合评价过程中，尽管整体评估在“优秀”水平，然而农业面源污染来源广泛、成因复杂，具有随机性和潜伏性等特点，要完全定量地分析研究区域内农业面源污染造成的直接经济损失将是非常庞杂和困难的事情。本书中仅选取了总氮、总磷和化学需氧量三个指标来评估农业面源污染状况和程度，并且也仅仅是将选取总氮和总磷来评估其对农田土壤侵蚀、畜禽养殖、水产养殖和农村生活污染四个方面造成的直接经济损失。因此，这些都是由于评估指标的选取对污染直接经济损失评估结果的影响。

（二）评估对象的选取对污染直接经济损失评估的影响

由于全国许多地区正大力发展生态旅游业，将其与绿色农业发展结合，而农业面源污染因其广泛性的存在也会对旅游业的经济带来直接影响。此外，农业面源污染中还有一些垃圾类的污染，例如，作物秸秆、农产品粗加工废弃物，难降解的废弃农膜和成分多样的生活垃圾，这些均会对当地造成各种各样的环境自身损害和直接经济损失。但这些并未在本次研究中开展评估，故本书的农业面源污染造成的直接经济损失只体现了农业面源污染的最低估值，并不全面和完善，需要在今后的研究和评估中继续开展。

三　污染健康损害经济评估的影响因素分析

农业面源污染环境健康风险评估是以风险度（非致癌风险值和非致癌风险危害指数）为评价指标，将关键污染因素的环境污染程度和人体的健康结合起来，定量估算出污染对人体产生健康损害的风险水平。本书评估了农业面源污染造成的环境健康损害，包括环境健康风险的评估和污染健康损害经济评估两个阶段，并且与GIS空间技术相结合，合理、清晰地呈现了农业面源污染健康风险的现状和程度。

但是，农业面源污染健康损害经济评估还具有许多不确定性，均影响着评估的结果：

一是环境健康风险评估类型。农业面源污染环境健康风险的评估中，由于农业面源污染的迁移过程通常是随地表径流汇聚于水体，因此研究一般选择最主要的地表水这个单一的对象进行主要的健康风险评估。虽然对绝大多数污染物汇集的地表水体进行评估能较为重要地反映健康风险水平，但是完整的污染环境健康损害经济评估还应包括地下水和土壤底泥中关键污染因子造成的人体健康风险评估及污染健康损害经济评估。因此，环境健康风险评估类型是否丰富和全面能够影响污染健康损害经济评估的结果。

二是环境健康风险评估区域。在环境健康风险的评估中，往往需要对一定区域进行布点和采样。一方面，健康风险分析以水体采样具有较强的典型性，但从研究更加客观和科学的角度来看，研究区域主要河网和土壤布点监测，使研究数据更能准确地反映该地区农业面源污染的情况，精确污染物健康风险水平的评估。另一方面，水体中关键污染因子含量可能会随着时间的推移不断变化，为了提高评估数据的全面性和准确性，应将研究区域丰水期和枯水期的相关数据作为互补支撑来精确污染健康损害经济评估的结果。

三是环境健康风险关键污染因子。在进行环境健康风险关键污染因子的分析时，持久性有机物和非持久性有机物主要是对环境损害造成的直接经济损失，虽然可由Johnes输出系数法和环境价值评估法进行估算，且含氯类化合物在人体健康风险中的影响远不及重金属，但是从数据的全面性角度看，还是应在实验条件允许的情况下，也应对农业面源污染持久性有机物即含氯类有机物环境健康的非致癌风险和致癌风险加以评估，以提高污染健康损害经济评估结果的准确度。

四是环境健康风险暴露途径。农业面源污染环境健康风险暴露途径考虑得更多是水中重金属对当地居民的经口摄食和经皮肤接触两种主要途径，并没有研究居民对土壤摄入和呼吸吸入的暴露途径等低概率途径，而这些途径也是污染健康风险的潜在危害，这点也是影响污染健康损害经济评估结果的地方。

五是环境健康风险评估模型参数。环境健康风险评估模型参数在评估中的作用非常重要，但也是最具有不确定的地方。一方面，国内关于健康风险模型参数的研究并不多，本次研究许多模型参数都参考 USEPA 的数据，尽管在世界范围内具有较强的权威性，但是由于人种、体征及生活习惯上的差异，这些参数可能不太符合研究区域当地居民的实际，虽然不会造成数量级的区别，但是也会造成评估的健康风险水平可能与实际有一些差距。另一方面，在农业面源污染的环境损害经济评估体系中，为了便于计算开展，将人群饮水暴露剂量的日均暴露量设定为均值，而实际中人群的日均饮水量会受季节的影响较大，同一个人在不同季节因活动强度的不同饮水量会有较大差别，这也会造成健康风险评估结果的不确定性。

第七章

农业面源污染的环境损害经济评估实证研究

——以江汉平原洪湖为例

本章主要从实证的角度对湖北省江汉平原上的洪湖进行农业面源污染的环境损害经济评估，从而验证农业面源污染的环境损害经济评估相关方法和指标体系的实用性和有效性。

之所以选择洪湖开展研究，其原因有三点：第一，农业资源优势。湖北省是我国的农业大省和强省，是全国商品粮的主要基地，自古便享有“湖广熟，天下足”和“吃湖北粮、喝长江水、品荆楚味”的美誉，可见其在全国农业发展中的地位。江汉平原位于湖北省腹地，地理上为冲积平原，地形极为平坦，且土壤肥沃、水源充足，加之亚热带季风气候适宜，使得该地域热量充足，是全国著名粮仓。洪湖市是我国著名的“鱼米之乡”，位于江汉平原东南，是中国实施长江经济带开放开发战略的重点区段，境内又下辖湖北省最大淡水湖泊——洪湖，农业资源极其丰富，是江汉平原和湖北省农业资源和经济发展研究的理想区域。第二，农业面源污染严重。随着国家和地方政府对点源污染的高度重视和严格管控，该污染在各个地区均得到了有效控制。但是，对于农业面源污染这一非点源污染，由于长期以来的环保意识淡薄和管控措施不到位，导致各地农业面源污染越发严重，尤其是农业资源丰富的洪湖流域，其农业面源污染在水体污染中的贡献比例已超过80%，被公认为洪湖水体的第一大污染（马玉宝等，2013）。第三，研究便利。洪湖地区河网纵横，且地表径流丰富，绝大部分水系最终会汇往洪湖，这为选取洪湖作为农业面源污染的对象提供了天然的便利。加之其地理位置离武汉较近，交通便利，易于采样和监测。

本章运用农业面源污染的环境损害经济评估相关方法和指标体系，在实地采样和监测分析的基础上，对洪湖流域环境自身损害、直接经济损失和环境健康损害进行了经济评估，测算出了该流域农业面源污染环境损害的总体损失，具有较大的实际意义和社会价值，从而为进一步研究农业面源污染的污染控制和治理提供参考和借鉴。

第一节　研究区域概况

一　自然环境概况

（一）自然地理

位于湖北省中南部的洪湖市隶属于湖北省荆州市，倚靠长江与东荆河，西南方向与湖南省临湘县隔江对望，素有“鱼米之乡”的美称。地理坐标位于东经113°07′—114°05′，北纬29°39′—30°12′，东距省会武汉135公里。截至2015年，洪湖市面积2519平方千米，人口94万。全市地势较为平坦低洼，全境自西北向东南呈缓倾斜趋势，且南北地势较高，中间地势较低，全市东西最长94公里，南北最宽62公里。洪湖市位于中国著名粮仓江汉平原与湖北东南山区的经济接合部，是中国实施长江经济带开放开发战略的重点区段。

洪湖市境内的洪湖是湖北省首家湿地类型自然保护区。保护区现有保护面积41412.069公顷，洪湖为中国第七大淡水湖，湖北省第一大湖泊。这里水域辽阔，水草丰茂，水质清澈，物产丰富，自古素有“人间天堂”的美誉。洪湖全境历史上属云梦泽东部的长江泛滥平原，地势自西北向东南呈缓倾斜，形成南北高、中间低、广阔而平坦的地貌，海拔大多在23—28米。最高点是螺山主峰，海拔60.48米；最低点是沙套湖底，海拔只有17.9米。洪湖市平均坡度约为0.3%，境内河渠纵横交织，湖泊星罗棋布。

（二）水文条件

洪湖流域属亚热带湿润季风气候，其特点是冬夏长，春秋短，四季分明，光照充足，雨量充沛，温和湿润，夏热冬冷，降水集中于春夏，洪涝灾害较多。洪湖市年平均气温16.6℃左右。境内年均降雨日为135.7天，年降水量平均在1000—1300毫米，其中4—10月降水量最为充足，约占全年总降水量的77%，年均蒸发量为1354毫米；保护区平均径流深度为360毫米，径流量为37.35×10^{8}立方米。湖泊可调蓄容量为8.16×108立方米；因此，如果年降水量和保护区产流量超过平均值以上时，就会产生内涝灾害。

（三）地质地貌和土地资源

洪湖所在的四湖流域属江汉沉降区，是我国东部新华夏系第二沉降带。它由燕山运动开始形成的内陆断陷盆地，其构造格局受西北、西北西和东北北向构造线所控制。本区在燕山运动以后形成的两组基岩断裂将区内切成许多块断体；前第四纪受地质外营力的作用形成一个巨大深厚的山麓相洪积、河湖相沉积；全新世以来形成了若干个河流洼地，其中之一就是长江和东荆河之间的河间洼地。在洼地中，两侧为河流沉积物，在自然和人为因素的影响下，中间洼地处水流不能流通，壅塞成洪湖。

四湖流域的地貌类型比较单一，主要是冲积、湖积平原，但由于基本上是由一系列河间洼地组成，因而微地貌形态分异比较明显，既有沿江高亢平原也有河间低湿平原。河间低湿平原是洪湖自然保护区主要的地貌类型，其内部又为湖泊和湖垸所构成，湖泊所占的面积是保护区总面积的82%。

洪湖地区的国土面积为2519平方公里，约占全省总面积的

1.39%。其中，农用地248.72万亩，占国土面积（下同）的66.49%：耕地（含水田、旱地、菜地）154%万亩，占41.2%；园地1.81万亩，占0.48%；林地9.41万亩，占2.51%；其他农用地83.41万亩（含坑塘13.3万亩、农用道路用地5.17万亩），占22.3%。河流面积18.81万亩，占5.03%；湖泊面积58.23万亩，占15.57%；滩涂面积15.04万亩，占4.02%。

（四）水利资源

洪湖为“四湖”（长湖、三湖、白露湖、洪湖）诸水汇归之地，因而成为具有江南地理特征的水网流域，主要河渠除南沿长江、北依东荆河外，区域内还有内荆河、“四湖”总干渠、洪排河、南港河、陶洪河、中府河、下新河、蔡家河、老闸河等大小河渠113条，总长度达900公里；千亩以上的湖泊有洪湖、大沙湖、大同湖、土地湖、里湖、沙套湖、肖家湖、云帆湖、东汊湖、塘老堰、洋圻湖、后湖、太马湖、金湾湖、形斗湖等21个。

二　国民经济发展概况

洪湖市现辖新堤、滨湖两个街道办事处，螺山、乌林、龙口、燕窝、新滩、峰口、曹市、府场、戴家场、瞿家湾、沙口、万全、汊河、黄家口14个镇，老湾回族乡1个乡，大同湖、大沙湖、小港3个管理区（农场）共20个乡镇办区和洪湖经济开发区（托管7村），下辖32个居民委员会、233个村民委员会；272个居民小组、2742个村民小组。

2015年全市实现地区生产总值196.44亿元（现行价），比上年的182.42亿元增加14.02亿元，按可比价计算，比上年增长8.0%，其中第一产业实现增加值58.91亿元，增长5.5%；第二产业增加值67.58亿元，增长7.0%；第三产业增加值69.95亿元，增长10.7%。人均生产总值由上年的21363元提高到23002元。

第二节 数据收集与处理

在针对洪湖农业面源污染的环境损害经济评估过程中，研究数据是最宝贵和核心的资料，通常研究数据的科学客观与否直接关系到评估结果的正确和合理性。为了提高本书数据的质量，必须按照有关学科领域的要求，采取规范的操作流程来收集和整理数据。因此，本书的数据分为数据收集和数据处理两个阶段，在数据收集阶段严格遵照相关的样品采集流程和规定，在数据处理阶段将严格按照相关的国标测定办法和步骤开展。

本书将选择洪湖市境内的洪湖作为重点研究区域，是由于以下几点原因：①洪湖具有十分丰富的水资源，是国家重要的湿地资源之一，是众多湿地迁徙水禽重要栖息地、越冬地，是湿地生物多样性和遗传多样性重要区域，是长江中游华中地区湿地物种“基因库”。从保护湿地的角度，对其开展的农业面源污染研究其本身就具有较大意义；②洪湖生态功能十分多样，作为国家级自然保护区，其能调洪蓄水、渔业养殖、水源供给、旅游航运、物种保护等多种功能，是长江中游流域天然蓄水库。从保护生态环境的角度，对其开展的农业面源污染的环境损害经济评估研究，估算其区内农业面源污染经济损失，能有效了解其面源污染状况，为进一步地保护和防治提供依据；③洪湖市境内的湖泊和河网纵横，地表径流丰富，诸水汇归洪湖，因此将洪湖作为农业面源污染环境损害中的监测、采样和实验监测地点，能更具代表性地研究该流域农业面源污染的现状和特点，为经济评估打下科学合理的基础。

一 数据收集

（一）采样区域概况

本书的采样点主要分布在洪湖湖面、洪湖至长江入河口，采样时间为洪湖枯水期 2015 年 11 月。本次研究布设了 10 个采样点，覆盖整个调查范围，以便能切实反映湖泊水质和水文特点，取样点均设在水面下 0.5 米处。采样点利用地理坐标标志，采用手持 GPS（Global Positioning System）进行定位，采样点的位置和编号已在图 7－1 中给出。

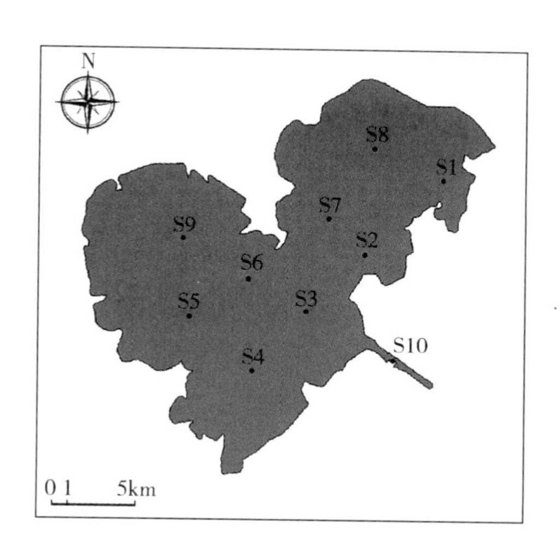

图 7－1　洪湖湖面采样点分布

（二）水样采集

本次地表水样采集用分层桶式深水采样器，贮存器用聚四氟乙烯瓶，所需水样量根据《地表水和污水监测技术规范》（HJ/T 91—2002）第五章地表水水质监测点布设与采样以及《水质采样方案设计技术规定》（HJ 495—2009）进行实地选择。设定每次采样数量不少于 6 个，每个样品不少于 1000 毫升。

采样前先用自来水对取样器、贮存器等冲洗去除灰尘、油垢等，然后用质量分数 10% 的硝酸或盐酸溶液浸泡 8 小时，取出沥干，然后用自来水冲洗 3 次，并用蒸馏水充分淋洗干净，备用。在现场采样时，先用水样荡洗采样器、贮存器和塞子 2—3 次，再用采样器采集水样至贮存器中保存。水样经 0.45 微米滤膜过滤，铜、锌、镉、砷、铬待测水样滴入浓硝酸进行酸化，1 升水样中加浓硝酸 10 毫升；汞待测水样滴入浓硫酸进行酸化，1 升水样中加浓硫酸 10 毫升，密封保存。每批水样选择部分监测项目加采现场平行样和全程序空白样，其中全程序空白样品采集方法为将纯水带至现场代替样品，放入样品瓶中，按规定加入固定剂等；现场加采不少于总样品数 10% 的平行样品，与样品一起送实验室分析。采集样品用备有冰袋的保温箱进行贮存，并在 24 小时内运回实验室。

使用便携式水质分析仪对水样的温度、pH 值、电导率、溶解氧、化学耗氧量等水质基本指标进行现场分析检测。使用洁净的棕色玻璃瓶进行水样采集，避光储存在 2—5℃ 的冰箱中，作为化学耗氧量、总有机碳和叶绿素待测水样；使用洁净的透明玻璃瓶进行水样采集，用浓硫酸酸化至 pH≤2，储存在 2—5℃ 的冰箱中，作为总氮、总磷待测水样。

二　数据处理

（一）样品检测方法

使用总有机碳分析仪（湿法）（TOC - VWP）分析测试水样的总有机碳含量，用分光光度法分析测试水样的叶绿素含量和化学耗氧量；分别按照《碱性过硫酸钾消解紫外分光光度法》（HJ 636—2012）和《钼酸铵分光光度法》（GB 11893—89）进行总氮和总磷测定。

铜、锌、镉、铬待测水样按照《金属总量的消解硝酸消解法》（HJ 677—2013）进行消解，砷、汞待测水样按照《水质汞、砷、硒、铋和锑的测定原子荧光法》（HJ 694—2014）进行消解。配制铜、锌、镉、铬标准物质各自相应的浓度或浓度梯度，使用原子吸收光谱仪（石墨炉法或火焰法）上机分析；砷、汞同样配制各自相应的浓度梯度，使用原子荧光光谱仪上机分析，具体检测方法如下：

（1）重金属锌、铬、镉、铜：用 150 毫升的烧杯或者锥形瓶盛混合均匀水样 50 毫升，然后加入浓硝酸 5 毫升，将烧杯或者锥形瓶置于温控加热装置上，同时盖上小漏斗或表面皿，将溶液温度保持在95℃ ±5℃，保证过程中持续不沸腾加热回流30分钟，然后移除小漏斗或表面皿，将溶液蒸发为5毫升左右时为止。溶液冷却之后，加入5毫升浓硝酸，并在容器上放上表面皿，然后继续加热回流。如果有生成棕色的烟，继续重复加入5毫升浓硝酸的步骤，直到没有棕色的烟产生，继续将溶液蒸发至5毫升左右。等待溶液冷却后，将3毫升过氧化氢缓缓加入，将表面皿盖住容器，保持溶液的温度在95℃ ±5℃，并加热至不再有大量气泡产生时为止，等待溶液冷却至室温，每次给溶液中加入1毫升过氧化氢，直至只有极少量气泡或者外观基本不发生变化，移去表面皿，并对溶液继续加热直至溶液蒸发至5毫升左右。溶液冷却后用适量的实验用水反复淋洗内壁3次及3次以上，并使用50毫升容量瓶对溶液进行定容，待测。铜、锌用火焰法测，用0.2%硝酸溶液稀释，配制铜、锌浓度梯度分别为0.25、0.5、1.5、2.5、5.00毫克/升和0.05、0.10、0.30、0.50、1.00毫克/升；铬、镉用石墨炉法测，用0.2%硝酸溶液稀释，配制铬、镉母液浓度分别为50微克/升和8微克/升，备用，进样时仪器自动稀释绘制标线。以磷酸二氢铵作基体改进剂，每次进样2微升。

（2）重金属砷：量取50.0毫升混匀后的样品于150毫升锥形瓶中，加入5毫升硝酸－高氯酸混合酸，于电热板上加热至冒白烟，冷却。再加入5毫升盐酸溶液，加热至黄褐色烟冒尽，冷却后移入50毫升容量瓶中，加水稀释定容，混匀，待测。另配制校准标准系列，分别移取0、1.00、2.00、3.00、5.00砷标准使用液于50毫升容量瓶中，分别加入10.0毫升盐酸溶液、10毫升硫脲－抗坏血酸溶液，室温放置30分钟后用水稀释定容，混匀。

实验过程中每批样品均做全程空白，每测定20个样品增加测定实验室空白一个，当批不满20个样品时测定实验室空白两个，全程空白的测试结果小于方法检出限，以消除在样品处理及测定过程中可能带入的污染。每次样品分析绘制标准曲线，且标准曲线的相关系数不小于0.995。每批样品测定至少10%的平行样品，测试结果的相对偏差小于20%。每批样品测定至少10%的加标样，加标回收率控制在70%—130%。同时同步分析了准确配制的已知浓度重金属溶液，以控制样品分析的精密度和准确度。重金属元素平行样的相对误差小于5%，标准物的回收率在80%—120%。

（二）地质统计方法和统计数据分析

本书应用地理信息系统（GIS）对所研究的微量重金属的空间健康风险进行调查研究。通过 ArcGIS 9.3 软件用反距离加权（IDW）技术来测量污染物健康风险的空间分布。IDW 技术采用空间插值法来研究水质重金属健康风险的空间分布情况。选择洪湖湖面10个采样点具体地揭示了研究金属的健康危害的空间格局和空间变化。根据水质重金属健康风险值的有效数据，采用分辨率为2千米的研究区栅格格网作为底图，将每个采样点的土壤重金属含量数据赋给相应的栅格单元，得到重金属含量的空间分布图。在空间分布图中，整个研究区域的土壤重金属要素都被显现出来，将能够极大地方便分析土壤重金属含量和空间分布特征，并了解变异情况。

本书还运用 Excel 2003 和 SPSS（Statistics Package for Social Science，社会科学统计软件包）进行实验数据的描述性统计（包括平均值、中位数、最大值、最小值、标准差、变异系数等）等分析，主要对变量的统计学特征进行了研究，并着重对变量间的相互关系进行了描述。通过描述性统计分析可以为其他的分析打下基础，并较为准确地将洪湖湖水水质的重金属含量及化学形态等数据的特征描绘出来。

第三节　洪湖农业面源污染环境自身损害的经济评估

对洪湖开展的农业面源污染环境自身损害的经济评估，其目的是针对该国际级湿地和国家级自然保护区开展环境损害的修复或恢复，使其通过人为的清除、修复或恢复措施，将该区域损害受体的服务水平恢复到基线状态，并计算该过程所需要的货币金额。

一　洪湖农业面源环境自身损害的污染关键因子

如前所述，在洪湖湖水中，农业面源污染的关键因子包含持久性有机物、非持久性有机物和重金属三大类，其中持久性有机物主要为含氯类的有机物，其浓度的大小也可以用洪湖区域内的化学需氧量表示，非持久性有机物主要为氮和磷类化合物，重金属主要为锌（Zn）、铜（Cu）、镉（Cd）、铬（Cr）和砷（As）五种。由于洪湖流域径流发达、河网纵横，大部分污染物均汇集至洪湖中，加之本书采样的限制，主要采集的研究区域面源污染样品为地表水，因此洪湖农业面源污染的环境损害经济评估主要以地表水重金属为主。

二　洪湖农业面源污染环境自身损害的时空范围和环境基线选择

（一）时间范围

本书的采样时间为2015年11月，因此洪湖农业面源污染环境自身损害的时间范围为洪湖农业面源污染有文献记录起或环境监测该流域大规模发生或生态系统遭受大规模破坏的时间，或者洪湖大规模开始使用农药、化肥、养殖饲料等带来农业面源污染源问题到2015年11月的范围。

（二）空间范围

空间范围为洪湖湖泊水域范围，面积平均为41412.069公顷。

（三）环境基线

环境基线是农业面源污染环境自身损害经济评估中较为重要的一个环节，由于洪湖为国家级自然保护区，其对水质和污染防控的要求均较高，因此本书选取的环境基线为《地表水环境质量标准》（GB 3838—2002）中对于国家自然保护区Ⅰ类水资源的要求。

三　洪湖农业面源污染环境自身损害经济评估

（一）洪湖湖水中重金属的浓度

根据洪湖湖面采样并实验分析结果，如表7－1所示，洪湖湖水中平均重金属浓度从高到低依次为：重金属铬（Cr）、锌（Zn）、铜（Cu）、砷（As）和镉（Cd），其浓度分别为：12.43微克/升、10.53微克/升、7.92微克/升、0.63微克/升和0.15微克/升。值得注意的是铬、锌和铜，三种重金属的含量占据已测得湖水中的重金属总含量的97.57%。此外，在采样点重金属浓度的标准差方面，重金属铬和锌的SD值高于其他重金属，但整体在可接受范围内。

表7－1　　洪湖湖水中重金属浓度总体情况　　单位：微克/升

类别	锌（Zn）	铜（Cu）	镉（Cd）	铬（Cr）	砷（As）	参考文献
最大值	22.74	14.97	0.23	22.96	1.57	本书
最小值	1.72	2.51	0.1	0.19	0.1	
平均值	10.53	7.92	0.15	12.43	0.63	
标准差（SD）	6.51	3.69	0.04	8.87	0.46	
长江水质	15.67	7.02	0.29	10.28	4.86	Yang et al.，2014
鄱阳湖湖水	9.16	6.53	0.58		10.56	Li et al.，2014
洞庭湖湖水	84.57	20.22	2.29	6.61	12.24	Zeng et al.，2014
太湖湖水	210.62	70.01	0.89	50.25		Zheng et al.，2013
《地表水环境质量标准》（GB 3838—2002）	50	10	1	10	50	国家环境保护部2002
世界水质背景值	10	1	0.01	1		WHO 2011

根据洪湖湖水中各重金属平均浓度的测定，锌、铜、砷和镉四类重金属的平均浓度均在环境基线《地表水环境质量标准》所规定的范围之内。然而，重金属镉的平均浓度为12.43微克/升，超过了环境基线中对于国家级自然保护区10微克/升的标准，并超出1.43倍。此外，湖水中各重金属平均浓度与世界水质背景值相比，其含

量均超过了对应重金属的标准。其中，重金属镉超出 15 倍，铬超出 12.43 倍，铜超出 7.92 倍，锌超出 1.53 倍。

在与中国三大湖泊的重金属浓度的比较中，洪湖湖水中的重金属污染相对最轻。在与中国最大淡水湖鄱阳湖的对比中，洪湖湖水中重金属锌和铜的平均浓度虽都比鄱阳湖高，但是重金属铜、砷和镉的平均浓度相对都低。值得注意的是，鄱阳湖的重金属铬、锌、铜、砷和镉的平均浓度均在《地表水环境质量标准》之内，证明其湖泊环境生态保护质量较好。在与中国第二大淡水湖洞庭湖的对比中，除了重金属铬，洪湖湖水中重金属锌、铜、砷和镉的平均浓度均较大幅度地低于洞庭湖湖水。值得指出的是，洞庭湖湖水中重金属锌、铜、镉的平均浓度均较大幅度地超过了《地表水环境质量标准》，显示其湖泊生态环境保护的重要性。在与中国第三大淡水湖太湖的对比中，洪湖湖水中重金属铬、锌、铜、镉的平均浓度均较大幅度低于太湖湖水的含量，而太湖湖水中重金属铬、锌、铜这三类重金属的平均浓度均远超《地表水环境质量标准》，显示其湖泊生态环境保护的严峻性和紧迫性。

在各采样点测定的重金属浓度方面，如表 7-2 所示，洪湖湖水中各采样点位的重金属浓度范围从采样点 S7 的 0.10 微克/升到采样点 S10 的 22.96 微克/升。各采样点重金属总体浓度从高到低依次为：S4，S9，S10，S6，S3，S5，S7，S2，S1 和 S8，其浓度分别为：52.95 微克/升，45.59 微克/升，41.94 微克/升，40.28 微克/升，37.83 微克/升，28.14 微克/升，22.4 微克/升，20.87 微克/升，18.09 微克/升和 8.42 微克/升。由于重金属铬、锌、铜在采样点的高浓度，导致洪湖西部比东部的重金属浓度整体含量相对较高。

表 7-2　洪湖湖水中采样点重金属浓度情况　单位：微克/升

采样点	pH	重金属浓度					
		锌（Zn）	铜（Cu）	镉（Cd）	铬（Cr）	砷（As）	总量
S1	8.31	9	8.39	0.11	0.35	0.24	18.09

单位：微克/升

采样点	pH	重金属浓度					
		锌（Zn）	铜（Cu）	镉（Cd）	铬（Cr）	砷（As）	总量
S2	8.23	9.23	2.51	0.16	8.05	0.93	20.87
S3	8.45	10.58	8.13	0.11	18.01	1.01	37.83
S4	8.52	22.74	14.97	0.14	14.65	0.45	52.95
S5	8.45	1.72	2.87	0.19	21.79	1.57	28.14
S6	8.3	8.32	8.61	0.15	22.71	0.49	40.28
S7	8.25	8.78	8.37	0.13	5.01	0.1	22.4
S8	8.34	2.44	5.31	0.23	0.19	0.25	8.42
S9	7.85	21.46	12.77	0.13	10.57	0.66	45.59
S10	8.23	11.02	7.25	0.1	22.96	0.61	41.94
平均值	8.29	10.53	7.92	0.15	12.43	0.63	31.65
最高值	8.52	22.74	13.97	0.23	22.96	1.57	62.57
最小值	7.85	1.72	2.51	0.1	0.19	0.1	4.62

（二）洪湖湖水中重金属的空间分布特征

研究洪湖湖水的重金属空间分布，可以直观地了解不同重金属在研究区域洪湖上的浓度高低的不同情况，更可以为深入分析这些农业面源污染重金属的分布规律以及来源特征奠定基础。本书以ArcGIS 9.3为软件平台和反距离加权法（IDW），对洪湖湖水中重金属锌（A）、铜（B）、镉（C）、铬（D）和砷（E）空间分布特征进行了研究，并构建了分布图。为方便不同采样点对重金属空间分布的研究，本书将洪湖分为三部分：洪湖东部（包括S1，S2，S7和S8），洪湖西部（包括S3，S4，S5，S6和S9），以及洪湖出口部（仅包括S10）。

如图7－2（A）和表7－2所示，洪湖湖水中重金属锌在洪湖西部和洪湖出口部富集，其采样点浓度在各采样点的高低依次为：S4＞S9＞S10＞S3＞S2＞S1＞S7＞S6＞S8＞S5。这些采样点位的浓度虽然均未超过《地表水环境质量标准》，但是40%的采样点位超过了世界水质背景值。

如图7－2（B）和表7－2所示，洪湖湖水中重金属铜在洪湖西部富集，其采样点浓度在各采样点的高低依次为：S4 > S9 > S6 > S1 > S7 > S3 > S10 > S8 > S5 > S2。这些采样点中虽然只有S4和S9超过了《地表水环境质量标准》，但是全部的采样点位同时也超过了世界水质背景值。

重金属镉虽然在大自然水体中的含量往往相对其他重金属较低，但是如果其长期在一定环境中超标存在，会导致高血压、心脑血管疾病、破坏骨钙和肾功能失调等非致癌风险，甚至还具有致癌风险（Farkas，2007）。如图7－2（C）和表7－2所示，与重金属锌和铜不同，重金属镉在洪湖东部富集，其次才是洪湖西部和洪湖出口部。各采样点浓度在各采样点的高低依次为：S8 > S5 > S2 > S6 > S4 > S7 > S9 > S1 > S3 > S10。这些采样点中虽然均没有超过《地表水环境质量标准》，但是全部的采样点位全都超过了世界水质背景值。

根据美国环境保护署的调查结果，重金属铬和砷在生态环境中造成的污染和健康风险均要大于其他重金属。不仅是因为重金属铬具有导致人体四肢麻木、精神异常的非致癌风险，而且还具有一定程度的致癌风险。重金属砷具有导致人体皮肤色素沉着、异常角质化的非致癌风险，而且也和铬一样具有一定程度的致癌风险。如图7－2（D）和表7－2所示，重金属铬在洪湖西部富集，其次才是洪湖出口部和洪湖东部。各采样点浓度在各采样点的高低依次为：S10 > S6 > S5 > S3 > S4 > S9 > S2 > S7 > S1 > S8。值得注意的是，这些采样点中S3、S4、S5、S6、S9和S10均超过了《地表水环境质量标准》，占到采样点的60%。同样，除S1和S8外，其他采样点位都超过了世界水质背景值。

如图7－2（E）和表7－2所示，重金属砷也同样在洪湖西部富集，然后是洪湖东部和洪湖出口部。各采样点浓度在各采样点的高低依次为：S5 > S3 > S2 > S9 > S10 > S6 > S4 > S8 > S1 > S7。所有采样点均未超过《地表水环境质量标准》。

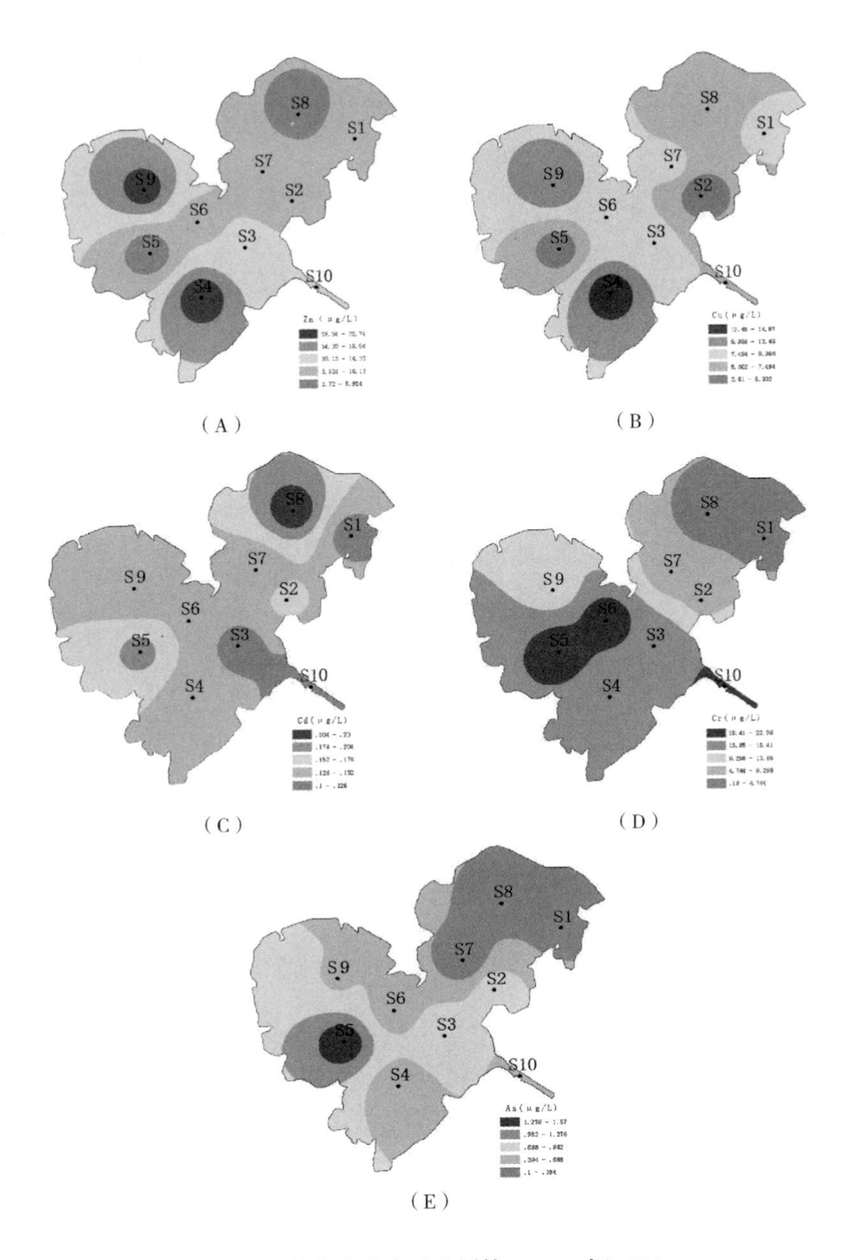

图7－2　洪湖湖水中重金属锌（A）、铜（B）、镉（C）、铬（D）和砷（E）空间分布

（三）洪湖农业面源污染环境自身损害经济评估

对于农业面源污染造成的环境自身损害的经济评估，洪湖湖水中污染关键因子为铬、锌、铜、砷和镉五种重金属，通过对这些重金属的实地布点采样和检测，以及各重金属实测的浓度，对比环境基线《地表水环境质量标准》（GB 3838—2002）中对于国家自然保护区Ⅰ类水资源的要求，真正超过环境基线标准对洪湖造成环境损害的为重金属铬。洪湖湖水中重金属铬的平均浓度达到12.43微克/升，超出环境基线标准1.43倍，因此需要对农业面源污染关键因子重金属铬对洪湖环境自身的损害开展经济评估。

如前文所述，由于农业面源污染的随机性、长期性和广泛性，不适宜采取环境替代等值法，通过对洪湖污染关键因子的识别，污染时空范围，环境基线的选择和污染关键因子污染程度的判断，此时宜利用环境价值评估法中的市场价格法来计算由于农业面源污染给环境自身造成的经济损失。

若运用市场价格法评估农业面源污染对地表水造成环境损害的经济损失，按照其计算公式，

$$S_i = \sum P_i \times V_i \qquad (7-1)$$

则需要弄清研究区域受损的环境资源单价即受重金属影响单位水量市场修复价格 P_i（元/立方米）和受损水资源量 V_i（立方米）。根据国家环境保护部发布的《环境污染损害数额计算推荐方法》（第Ⅰ版）中有关土地和水资源参照单位修复治理成本，采用化学修复技术修复水体中的重金属成本为700—2000元/吨，本书取保守情况1000元/吨，根据《洪湖市“十二五”环境保护规划》和陈世俭（2002）对洪湖水资源的陈述和研究，洪湖水域年均水资源量为 7.5×10^8 立方米，本书取洪湖水域年均水资源量为 7.5×10^8 立方米，则其年均受损资源量为 7.5×10^8 立方米。因此，农业面源污染关键因子重金属铬修复费用估算为 7.5×10^8 元，即洪湖农业面源污染环境自身损害的经济损失为75000亿元。

第四节　洪湖农业面源污染直接经济损失评估

洪湖农业面源污染对造成的直接经济损失评估包括农田土地侵蚀经济损失评估、畜禽养殖污染经济损失评估、水产养殖污染经济损失评估和农村生活污染经济损失评估四个方面。如前所述，本书拟采用Johnes输出系数法来进行相关的经济评估，包括洪湖农业面源污染负荷总量评估和污染直接经济损失评估两个阶段。

一　洪湖农业面源污染负荷总量评估

（一）洪湖农田土地侵蚀污染物负荷评估

1. 农业生产情况

截至2015年，洪湖市实现农业总产值114亿元，按可比价计算，比上年增长3.1%，其中，农业产值34.3亿元，林业产值1.09亿元，牧业产值11.37亿元，渔业产值63.3亿元，农林牧渔服务业产值3.90亿元，分别比上年下降0.7%、0.1%、0.7%和增长5.8%、14.1%。全年粮食播种面积144.24万亩，比上年增加3.43万亩，增长2.4%。全年粮食总产73.4万吨，比上年增加2.35万吨，增长2.9%。棉花总产量5468吨，比上年下降19.6%。油料总产量8.58万吨，比上年下降4.8%。畜牧业、渔业总体保持稳定。全年生猪出栏45.93万头，增长0.3%；家禽出笼515.04万只，下降3.3%；全年水产品产量47.61万吨，增长4.6%，水产养殖面积116.6万亩，增长0.3%。农民人均纯收入达6202元，比上年增10.8%。城市居民人均可支配收入为17727元，比上年增长10.5%。农民纯收入与城市居民人均可支配收入分别为11100元、6359元，分别比上年增加27.84%和40.8%。村居民人均纯收入增幅近几年来首次超过城市居民人均可支配收入增幅。根据统计年鉴可知，2015年洪湖市农业种植面积，洪湖市农业种植土地主要为粮食用地

80.99 千公顷、油料作物用地 32.9 千公顷、蔬菜用地 10.48 千公顷和棉花用地 9.23 千公顷等。

2. 农田污染输出系数的确定

本书主要以计算农田养分（总氮、总磷和化学需氧量）以地表径流方式流入地表水的负荷量，暂不考虑土壤和地下水进入水体的负荷量。郭红岩（2000）采用田间实验和实地调查相结合的方式，定量研究了长江下游江苏省太湖生态保护区的非点源污染，这对长江中下游湖北省洪湖自然保护区的非点源污染具有很好的借鉴意义。马玉宝（2013）采取实地水质监测的方式研究了洪湖流域农业面源污染并核算了污染负荷。另外，洪湖流域粮食用地主要是种植水稻，棉花种植田主要为旱田。因此，从他们的研究中可得知，洪湖农田污染物产污系数，如表 7－3 所示。

表 7－3　洪湖农田污染物产污系数　单位：千克/公顷·年

土地利用类型	总氮（TN）	总磷（TP）	化学需氧量（COD）
水稻田	19.4	1.165	58
油料田	14.7	0.58	29
蔬菜地	7.59	0.64	35
棉花田	7.98	1.35	64.5

3. 农田土地侵蚀污染物负荷计算结果与分析

如前所述，运用 Johnes 输出系数法，对洪湖农田地表径流污染物排放量、入河量和主要污染源三个方面进行了评估。

根据不同土地利用类型与相应农田污染的产污系数，如表 7－4 所示，即可估算出 2015 年洪湖农田污染物排放量。

表 7－4　2015 年洪湖农田污染物排放量　单位：千克·年

土地利用类型	总氮（TN）	总磷（TP）	化学需氧量（COD）
水稻田	1571206	94353.35	4697420
油料田	483630	19082	954100

续表

蔬菜地	79543.2	6707.2	366800
棉花田	73655.4	12460.5	595335
总计	2208034.6	132603.05	6613655

从表7－4中可以看出，2015年洪湖农田地表径流产生的总氮为2208034.6千克，总磷为132603.05千克和化学需氧量6613655千克。其农业面源污染产生的主要方式为农药和化肥的使用过量或不合理，造成多余的污染物通过地表径流流入主要水体而造成污染。加之洪湖流域雨量充沛，地表径流量很大，因此地表径流氮素和磷素以及造成的化学需氧量很大，对洪湖危害严重，应引起足够的重视。

从农业面源污染产生的来源看，洪湖农田地表径流产生的污染物总氮、总磷和化学需氧量主要来源的大小顺序如下：对于污染物总氮其主要来源为水稻田＞油料田＞蔬菜地＞棉花地，分别占到71.16%、21.9%、3.6%和3.34%；对于污染物总磷其主要来源为水稻田＞油料田＞棉花地＞蔬菜地，分别占到71.15%、14.39%、5.06%和9.4%；对于污染物化学需氧量其主要来源为水稻田＞油料田＞棉花地＞蔬菜地，分别占到71.02%、14.43%、5.55%和9%。从数据可以看出，水稻田因其在洪湖流域种植面积广泛，其造成的总氮、总磷和化学需氧量的总量也相对较多。虽然棉花田比蔬菜地种植面积少，但是棉花田造成的污染更大，这跟棉花田在种植过程中大量使用农药和化肥有关。同时，这表明同一地区其农作物种植种类不同，农田施肥量也会不同，农业面源污染的大小在一定程度上不仅跟作物面积有关，也与该地区的土地利用类型有很大关系。

此外，农田土地侵蚀污染物的排放不会完全进入水体，有些会随着地表径流流失到农田以外和附近河道，因此污染物进入水体的总量称为入河量。根据《荆州市环境保护“十二五”规划》，洪湖流域农田污染物总氮、总磷和化学需氧量的入河系数均为0.1。因此，2015年洪湖流域农田地表径流污染物即进入水体的最终污染负荷分别如下：总氮为220803.46千克，总磷为13260.31千克和化学需氧量为661365.5千克。

（二）洪湖畜禽养殖污染负荷评估

1. 畜禽养殖情况

从《2015年洪湖市统计年鉴》可知，洪湖市全年主要畜禽养殖情况为：生猪出栏45.93万头，蛋鸡出笼515.04万只，肉鸡出笼851.31万只，肉牛出栏6756头，奶牛出栏106头。

2. 畜禽养殖输出系数的确定

如表7-5所示，洪湖流域畜禽养殖输出系数如下：

表7-5 洪湖畜禽养殖产污系数

单位：千克/［头（只）·年］

畜禽种类	总氮（TN）	总磷（TP）	化学需氧量（COD）
生猪	14.08	2.39	132.45
蛋鸡	0.39	0.07	7.73
肉鸡	0.26	0.02	4.76
肉牛	24.06	3.84	880.16
奶牛	90.01	16.14	1846.51

注：资料来源于对《第一次全国污染源普查畜禽养殖业源产排污系数手册》的整理。

3. 畜禽养殖污染负荷计算结果与分析

如前所述，运用Johnes输出系数法，对洪湖流域畜禽养殖污染物排放量、入河量和主要污染源三个方面进行了评估。

根据不同畜禽种类与相应产污系数，如表7-6所示，即可估算出2015年洪湖畜禽养殖污染物排放量。

表7－6　2015年洪湖畜禽养殖污染物排放量　单位：千克/年

畜禽种类	总氮（TN）	总磷（TP）	化学需氧量（COD）
生猪	6466944	1097727	60834285
蛋鸡	2008656	360528	39812592
肉鸡	2213406	170262	40522356
肉牛	162549.36	25943.04	5946360.96
奶牛	9541.06	1710.84	195730.06
总计	10861096.42	1656170.88	147311324.02

从表7－6中可以看出，2015年洪湖畜禽养殖污染物排放产生的总氮为10861096.42千克，总磷为1656170.88千克和化学需氧量147311324.02千克。其农业面源污染产生的主要方式为畜禽粪便的污染，一方面许多养殖场和农户将畜禽养殖的排泄物粪便不加收集处理，随意丢弃，那么降雨时这些粪便中的污染物就会随着地表径流渗入附近水体。另一方面，畜禽养殖的排泄物和粪便作为农业种植的肥料施用后，其中含有的氮和磷随着耕地地表径流流失。

从农业面源污染产生的来源看，洪湖畜禽养殖污染物排放产生的总氮、总磷和化学需氧量主要来源的大小顺序如下：对于污染物总氮其主要来源为生猪＞肉鸡＞蛋鸡＞肉牛＞奶牛，分别占到59.54%、20.38%、18.49%、1.5%和0.09%；对于污染物总磷其主要来源为生猪＞蛋鸡＞肉鸡＞肉牛＞奶牛，分别占到66.28%、21.77%、10.28%、1.57%和0.1%；对于污染物COD其主要来源为生猪＞肉鸡＞蛋鸡＞肉牛＞奶牛，分别占到41.3%、27.51%、27.02%、4.04%和0.13%。虽然蛋鸡数量比肉鸡数量少，但是蛋鸡造成的总磷污染比肉鸡大，这表明同一地区其畜禽养殖种类不同，污染物排放量也会不同，农业面源污染的大小在一定程度上不仅跟畜禽养殖数量有关，也与该地区的畜禽养殖类型有关系。

此外，畜禽养殖污染物的排放不会完全进入水体，也同样得考虑污染物进入水体的入河量。根据《第一次全国污染源普查畜禽养殖业源产排污系数手册》，洪湖畜禽养殖污染物总氮、总磷和化学需氧量的入河系数分别为21.28%、15.4%和11.32%。因此，2015年洪湖流域畜禽养殖污染物进入水体的最终污染负荷分别如下：总氮为2311241.32千克，总磷为255050.32千克和化学需氧量为16675641.88千克。

（三）洪湖水产养殖污染负荷评估

1. 水产养殖情况

水产业是洪湖经济发展的主导产业，也是优势产业、特色产业，被誉为“中国淡水水产第一市（县）”。从《2015年洪湖市统计年鉴》可知，洪湖市全年水产养殖面积116.6万亩，其中虾蟹面积57.86万亩，鱼类面积46.26万亩，贝类面积12.48万亩。

2. 水产养殖输出系数的确定

根据刘庄（2008）对不同种类畜禽水产养殖检测的结果，如表7-7所示，洪湖水产养殖虾蟹、鱼类和贝类的输出系数如下：

表7-7　洪湖水产养殖产污系数　单位：千克·公顷/年

养殖种类	总氮（TN）	总磷（TP）	化学需氧量（COD）
鱼类	30	3	500
虾蟹	6	1	250
贝类	1	0.5	100

3. 水产养殖污染负荷计算结果与分析

运用Johnes输出系数法，对洪湖流域水产养殖污染物排放量、入河量和主要污染源三个方面进行了评估。

根据不同水产种类与相应产污系数，如表7-8所示，即可估算出2015年洪湖畜禽养殖污染物排放量（千克/年）。

表7－8　　2015年洪湖水产养殖污染物排放量　　单位：千克/年

养殖种类	总氮（TN）	总磷（TP）	化学需氧量（COD）
鱼类	925662.6	92566.26	15427710
虾蟹	231555.72	38592.62	9648155
贝类	14994.16	7497.08	1499416
总计	1172212.48	138655.96	26575281

从表7－8中可以看出，2015年洪湖水产养殖污染物排放产生的总氮为1172212.48千克，总磷为138655.96千克和化学需氧量26575281千克。近年来，洪湖地区加大水产行业的发展力度，境内各池塘、河网和洪湖湖面均有大量的养殖鱼塘存在。一方面，水产养殖会定期换水和清淤，养殖废水会直接通过地表径流流入水体。另一方面，清淤后的淤泥一般会随意堆放或丢弃，其中的污染物也会随着降水进入地表径流至水体。

从农业面源污染产生的来源看，洪湖水产养殖污染物排放产生的总氮、总磷和化学需氧量主要来源的大小顺序如下：对于污染物总氮其主要来源为鱼类＞虾蟹＞贝类，分别占到78.97%、19.75%和1.28%；对于污染物总磷其主要来源为鱼类＞虾蟹＞贝类，分别占到66.76%、27.83%和5.41%；对于污染物化学需氧量其主要来源为鱼类＞虾蟹＞贝类，分别占到58.05%、36.31%和5.64%。虽然虾蟹的养殖面积比鱼类养殖面积小，但其造成的总氮、总磷和化学需氧量的污染量要比鱼类大，这表明同一地区其水产养殖种类不同，污染物排放量也会不同，农业面源污染的大小在一定程度上不仅跟水产养殖数量有关，也与该地区的水产养殖类型有关。此外，水产养殖污染物几乎全部进入水体，因此。2015年洪湖流域水产养殖污染物进入水体的最终污染负荷分别如下：总氮为1172212.48千克，总磷为138655.96千克和化学需氧量为26575281千克。

（四）洪湖农村生活污染负荷评估

1. 洪湖市人口状况

洪湖市现辖2个办事处（新堤街道、滨湖街道），14个镇（乌林镇、螺山镇、龙口镇、燕窝镇、新滩镇、黄家口镇、峰口镇、府场镇、曹市镇、戴家场镇、沙口镇、瞿家湾镇、万全镇、汉河镇)，1个乡（老湾回族乡)，3个管理区（大同湖管理区、大沙湖管理区、小港管理区)。洪湖市233个村民委员会，2742个村民小组。共有人口94.14万，其中城镇人口36.83万，农村人口57.31万。

2. 农村生活污染产污系数的确定

查阅《荆州市环境保护“十二五”规划》官方资料可知，洪湖农村生活污水产污系数如下：总氮为3.76千克·人$^{-1}$·年$^{-1}$、总磷为0.26千克·人$^{-1}$·年$^{-1}$和化学需氧量为2.34千克·人$^{-1}$·年$^{-1}$。

3. 农村生活污水污染负荷计算结果与分析

运用Johnes输出系数法，对洪湖流域农村生活污染物排放量、入河量和主要污染源三个方面进行了评估。

根据不同水产种类与相应产污系数，如表7-9所示，即可估算出2015年洪湖农村生活污染物排放量（千克/年)。

表7-9　2015年洪湖农村生活污染物排放量　单位：千克/年

污染种类	总氮（TN）	总磷（TP）	化学需氧量（COD）
生活污染	2154856	149006	1341054

经实地走访观察得知，洪湖地区广大农村生活用水虽以自来水为主，但很多村民和渔民为了生活便利，仍然将大量厨房用水、生活杂水、垃圾废水等直接排入沟渠或河道，这些污染物虽地表径流至水体，造成面源污染。

此外，生活污染物的排放不会完全进入水体，也同样得考虑污染物进入水体的入河量。根据《第一次全国污染源普查畜禽养殖业源产排污系数手册》，洪湖畜禽养殖污染物总氮、总磷和化学需氧量的入河系数为0.05。因此，2015年洪湖流域水产养殖污染物进入水体的最终污染负荷分别如下：总氮为107742.8千克，总磷为7450.3千克和化学需氧量为67052.7千克。

（五）洪湖农业面污染负荷总量分析

洪湖农业面源污染负荷总量由农田土地侵蚀污染负荷、畜禽养殖污染负荷、水产养殖污染负荷和农村生活污染负荷四部分组成，如表7－10所示，其分别的污染负荷量和农业面源污染负荷总量如下：

表7－10　2015年洪湖农业面源污染负荷总量　单位：千克

污染类型	总氮（TN）	总磷（TP）	化学需氧量（COD）
农田土地侵蚀污染	220803.46	13260.31	661365.5
畜禽养殖污染	2311241.32	255050.32	16675641.88
水产养殖污染	1172212.48	138655.96	26575281
农村生活污染	107742.8	7450.3	67052.7
总计	3812000.06	414416.89	43979341.08

2015年洪湖面源污染总氮的负荷总量为3812000.06千克，总磷的负荷总量为414416.89千克，化学需氧量的负荷总量为43979341.08千克。其中，对于洪湖面源污染总氮的负荷总量，农田土地侵蚀污染占5.79%、畜禽养殖污染占60.63%、水产养殖污染占30.75%、农村生活污染占2.83%；对于洪湖面源污染总磷的负荷总量，农田土地侵蚀污染占3.2%、畜禽养殖污染占61.54%、水产养殖污染占33.46%、农村生活污染占1.8%；对于洪湖面源污染化学需氧量的负荷总量，农田土地侵蚀污染占1.5%、畜禽养殖污染占37.92%、水产养殖污染占60.43%、农村生活污染占0.15%。

二　洪湖农业面源污染直接经济损失评估

如前所述，洪湖农业面源污染造成的直接经济损失包括农田土地侵蚀污染经济损失、畜禽养殖污染经济损失、水产养殖污染经济损失和农村生活污染经济损失四个方面。洪湖流域，在弄清以上四个方面的农业面源污染负荷后，即可利用经济学的方法，运用各类经济损失的评估模型，以货币的形式来衡量农业面源污染带来的相应损失。

（一）土地侵蚀经济损失评估

土地侵蚀造成的直接经济损失包括由于土壤养分损失（主要为氮元素和磷元素的损失），土壤有机质的损失，泥沙流失和滞留淤积及土壤水分流失所带来的经济损失。

1. 土壤养分流失经济损失评估

如前所述，土壤养分流失经济损失评估模型为：

$$S_i = \sum T_i \times K_i \times C \tag{7-2}$$

式中：

S_i：第 i 种养分流失所损失的价值（元）。其中，i 主要为氮、磷元素。

T_i：农业面源污染第 i 种养分流失总量（t）。其中，i 为研究区域内氮、磷元素的负荷总量。

K_i：第 i 种养分折算为磷酸二铵的系数。氮、磷元素折算成磷酸二铵的系数分别为 132/14，132/31。

C：磷酸二铵肥料的价格（元）。根据中国化肥网的最新报价，磷酸二铵市场价格为 2800—2950 元/吨，本书取保守价格 2800 元/吨。

洪湖流域农业面源污染农田土地侵蚀氮、磷元素的负荷总量分别为 220803. 46 千克和 13260. 31 千克，通过计算可得洪湖土壤养分流失经济损失氮素为 582. 92 万元、磷素为 15. 81 万元，总计为 598. 73 万元。

2. 土壤有机质流失经济损失评估

如前所述，土壤有机质流失经济损失计算公式：

$$E = Z \times C \times P \tag{7-3}$$

式中：

E：土壤有机质流失的经济损失价值（元）；

Z：研究区域土壤侵蚀总量（吨）；

C：土壤有机质的平均含量，一般取 1.5%；

P：土壤有机质价格 350 元/吨。

其中，研究区域土壤侵蚀总量可由不同土地类型的土壤侵蚀破坏模数与相应土地类型的面积相乘而得。曾海鳌（2008）运用^{137}Cs失踪法研究了太湖流域不同土地类型的土壤侵蚀率和段雪梅（2013）研究了平原河网地区土地的侵蚀破坏模数，具有较强的参考性，如表 7－11 所示。

表 7－11　不同土地类型的土壤侵蚀破坏模数

单位：吨/平方千米・年

土地类型	水稻田	油料田	蔬菜地	棉花田
土壤侵蚀破坏模数	1444.7	4336.2	4685.7	1444.7

因此，通过计算可得洪湖流域不同土地类型土壤侵蚀量为：水稻田 1170062.53 吨、油料田 1426609.8 吨、蔬菜地 491061.36 吨和棉花田 133345.81 吨，土壤侵蚀总量为 3221079.5 吨。则相应的土壤有机质流失的经济损失为：水稻田 614.28 万元、油料田 748.97 万元、蔬菜地 257.81 万元和棉花田 70.01 万元，共计 1691.07 万元。

3. 泥沙流失和滞留淤积经济损失评估

如前所述，泥沙流失滞留的损失计算公式：

$$E = Z \times 33\% \times P/p \tag{7-4}$$

式中：

E：农业面源污染中由于土壤侵蚀造成的泥沙流失滞留的经济损失（元）；

Z：研究区域农业面源污染一定年份土壤侵蚀总量（吨）；

P：泥沙的挖沙修复费用 7.69 元/立方米。

p：泥沙容量，一般为 1.16 吨/立方米。

根据公式计算可得，洪湖流域泥沙流失经济损失 704.67 万元。

此外，泥沙淤积经济损失的计算公式：

$$E = Z \times 24\% \times P/p \tag{7-5}$$

式中：

E：农业面源污染中由于土壤侵蚀造成的泥沙淤积经济损失（元）；

P：实际工程中拦截 1 立方米泥沙的费用，一般为 10 元/立方米；

Z 和 p 意义同上。

根据公式计算可得，洪湖流域泥沙淤积经济损失 666.43 万元。

因此，土地侵蚀中泥沙流失和滞留淤积经济损失 1371.1 万元。

4. 土壤水分流失经济损失评估

如前所述，土壤水分流失经济损失计算公式：

$$E = Z \times W \times P/p \tag{7-6}$$

式中：

E：农业面源污染中由于土壤侵蚀造成的土壤水分流失经济损失（元）；

W：土壤的平均含水量，一般为 20%；

P：每建造 1 立方米农用水库所需要的投资费用，一般为 1.36 元/立方米；

Z 和 p 意义同上。

根据公式计算可得，洪湖流域土壤水分流失经济损失 75.53 万元。

因此，洪湖流域农业面源污染，土壤养分流失经济损失 598.73 万元，土壤有机质流失的经济损失 1691.07 万元，泥沙流失和滞留淤积经济损失 1371.1 万元，土壤水分流失经济损失 75.53 万元，则土壤侵蚀经济损失共计 3736.43 万元。

（二）畜禽养殖污染经济损失评估

如前章所述，畜禽养殖污染经济损失的计算模型与土壤侵蚀中土壤养分的流失计算模型相同：

$$S_i = \sum T_i \times K_i \times C \quad (7-7)$$

洪湖流域农业面源污染畜禽养殖 N、P 元素的负荷总量分别为 2311241. 32 千克和 255050. 32 千克，通过计算可得洪湖畜禽养殖污染经济损失氮素为 6101. 68 万元、磷素为 304. 09 万元，总计为 6405. 77 万元。

（三）水产养殖污染经济损失评估

如前章所述水产养殖污染经济损失的计算模型与土壤侵蚀中土壤养分的流失计算模型相同：

$$S_i = \sum T_i \times K_i \times C \quad (7-8)$$

洪湖流域农业面源污染水产养殖氮、磷元素的负荷总量分别为 1172212. 48 千克和 138655. 96 千克，通过计算可得洪湖水产养殖污染经济损失氮素为 3094. 64 万元、磷素为 165. 31 万元，总计为 3259. 95 万元。

（四）农村生活污染经济损失评估

如前章所述农村生活污染经济损失的计算模型与土壤侵蚀中土壤养分的流失计算模型相同：

$$S_i = \sum T_i \times K_i \times C \quad (7-9)$$

洪湖流域农业面源污染农村生活氮、磷元素的负荷总量分别为 107742. 8 千克和 7450. 3 千克，通过计算可得洪湖农村生活污染经济损失氮素为 284. 44 万元、磷素为 8. 88 万元，总计为 293. 32 万元。

（五）洪湖农业面源污染直接经济损失分析

查阅大量文献，本书选择运用较为广泛 Logistic 模型来估算由化学需氧量（COD）污染引起的直接经济损失（孙金芳，2010；于雷等，2013）。

为使分析结果能更直观地体现水体功能的损失程度，以及污染物对水体造成的影响具有更强的可比性。定义污染损失率（R），由下式得到：

$$R = \frac{1}{1 + A \cdot \exp(-B \cdot C)} \tag{7-10}$$

式中：

R：污染损失率；

A、B：由某种污染物特性决定的价值损失参数，无量纲；

C：污染物的浓度，微克/升。

根据水体中污染物造成的污染损失率，即可计算出污染造成的经济损失值。其可表示为：

$$S = k \cdot R \tag{7-11}$$

式中：

S：水体污染的经济损失，万元；

k：第 i 项功能的价值量，万元。

根据现有研究确定本书由污染物化学需氧量导致的直接经济损失的参数值。A 值为 141.523，B 值为 0.238，K 为 5184.964 万元（李嘉竹等，2009）。

洪湖规划水质为Ⅱ类，由《2015 年荆州环境质量公报》可知，洪湖 9 个监测断面化学需氧量均存在不同程度的超标，本书取均值，为超过Ⅱ类水质 15 微克/升的 0.267 倍。

由此得到洪湖污染物化学需氧量的污染损失率为 94.82%，直接经济损失为 5468.18 万元。因此，2015 年洪湖流域面源污染的直接经济损失为 19163.65 万元。

对比以往研究，2007—2011 年洪湖湿地生态系统生态服务总价值分别是 20.5 亿元、21.8 亿元、24.3 亿元、24.4 亿元和 21.2 亿元（刘蒙，2012）。鄱阳湖湖区洪水灾害直接经济损失从 1995 年至 2004 年呈逐年增加趋势（付春等，2007）。太湖蓝藻水华灾害导致的直接经济损失为 28.77 亿元（刘聚涛等，2011）。可见，湖泊灾害、污染等破坏生态环境，造成了巨大的经济损失，用经济手段进行评估可为湖泊生态环境的改善提供依据，进而促进周边农业面源污染的管理和控制。

第五节　洪湖农业面源污染环境健康损害的经济评估

洪湖农业面源污染环境健康损害的经济评估由环境健康风险评估和污染健康损害经济评估两部分组成，其中污染环境健康风险评估又包含非致癌风险评估和致癌风险评估两类。

一　环境健康风险评估

（一）关键污染因子指标

如前所述，农业面源污染的关键因子包含持久性有机物、非持久性有机物和重金属三大类。一方面，持久性有机物和非持久性有机物主要是对环境损害造成的直接经济损失，并可由 Johnes 输出系数法和环境价值评估法进行估算。另一方面，由于本书采样的限制，主要采集的研究区域面源污染样品为具有代表性的地表水，且重金属对于人体的健康风险要远远大于其他污染有机物，因此洪湖农业面源污染的环境损害经济评估主要以地表水重金属为主。

（二）暴露评价

洪湖农业面源污染环境健康风险评估可由暴露情景分析、暴露途径和暴露模型和参数三部分组成。

1. 暴露情景分析

根据洪湖周边和洪湖湖心茶坛岛实地调研分析得知，洪湖农业面源污染主要敏感受体是长期居住在湖中和湖周边的渔民或村民，他们主要以渔业或旅游业为生。由于常年接触洪湖湖水，致使湖水中的污染物通过皮肤接触和经口至消化道接触暴露于人体的风险极大增加。此外，通过居民走访得知，洪湖水上渔民和湖心茶坛岛居民经常以洪湖湖水作为饮用水源、日常洗漱和洗澡游泳用水。这部分的污染物也可以通过饮水和皮肤与水接触通过皮肤暴露途径进入人体。另外，渔民或村民会就地买卖洪湖湖中农产品和水产品，同时也会自己食用，因此污染物可以通过摄食途径进入人体。这些暴露情景均会产生环境健康风险，对渔民或村民的身体健康造成威胁。

2. 暴露途径

通过走访和分析洪湖农业面源污染特征及当地渔民和村民的生产生活方式，如上所述，可以确定该研究地区农业面源污染重金属的主要暴露途径为经口摄食暴露和经皮肤接触暴露两种。

3. 暴露模型和参数

本书将采用 USEPA 推荐的暴露模型进行暴露量的计算。该模型还科学地根据不同年龄阶段的人群对污染物的敏感程度不同，将暴露人群分为两类，即儿童（年龄小于 12 周岁）和成人（年龄大于 12 周岁）。

如前所述，经口摄食的暴露评价模型：

$$CD_{ing} = \frac{C_w \times IR \times EF \times ED}{BW \times AT} \tag{7-12}$$

式中：

CD_{ing}：经口摄食的平均暴露量（毫克/千克·天）；

C_w：水样中检测到的关键污染因子平均浓度（微克/升）；

IR：暴露人群每天经口摄入水量（升/天），一般儿童为 1.5 升/天，成人为 2.2 升/天；

EF：暴露频率（天/年），一般儿童和成人均为 350 天/年；

ED：暴露总时间（年），一般为平均寿命 70 年；

BW：平均体重（千克），一般年龄小于 12 周岁的儿童平均体重为 22 千克，年龄大于 12 周岁的成人平均体重为 65 千克；

AT：已暴露平均时间，一般儿童为 2190 天，成人为 10950 天。

经皮肤接触的暴露评价模型为：

$$CD_{derm} = \frac{C_w \times SA \times K_p \times ET \times EF \times ED \times 10^3}{BW \times AT} \tag{7-13}$$

式中：

CD_{derm}：经皮肤接触的平均暴露量（毫克/千克·天）；

SA：经皮肤接触暴露的面积（平方厘米），儿童为6660平方厘米，成人为18000平方厘米；

K_p：关键污染因子的渗透系数；

ET：暴露频率（小时/天），儿童和成人均为0.6小时/天；

C_w，EF，ED，BW和AT同上。

通过实地采样和检测，已经测得洪湖湖水中的主要重金属有锌、铜、镉、铬和砷，其浓度分别：10.53微克/升、7.92微克/升、0.15微克/升、12.43微克/升和0.63微克/升。因此，通过暴露评价模型计算可得各重金属对儿童、成人经口摄食和皮肤接触的平均暴露量如表7－12和表7－13所示。

洪湖湖水中重金属对儿童经口摄食的平均暴露量：锌为0.49毫克/千克·天、铜为0.37毫克/千克·天、镉为0.006753毫克/千克·天、铬为0.577686毫克/千克·天和砷为0.029388毫克/千克·天。重金属对儿童皮肤接触的平均暴露量：锌为0.0009毫克/千克·天、铜为0.0006毫克/千克·天、镉为0.000012毫克/千克·天、铬为0.001009毫克/千克·天和砷为0.000051毫克/千克·天。

洪湖湖水中重金属对成人经口摄食的平均暴露量：锌为0.29毫克/千克·天、铜为0.22毫克/千克·天、镉为0.004012毫克/千克·天、铬为0.343195毫克/千克·天和砷为0.017459毫克/千克·天。重金属对成人皮肤接触的平均暴露量：锌为0.001毫克/千克·天、铜为0.0013毫克/千克·天、镉为0.000023毫克/千克·天、铬为0.003994毫克/千克·天和砷为0.000102毫克/千克·天。

（三）风险表征

在洪湖湖水关键污染因子的识别和暴露评价的数据基础上，可整体估算洪湖可能对人体产生的健康风险或某种健康效应发生的概率，一般包括风险大小定量估算和健康风险水平的评估两个阶段。

表 7－12　洪湖湖水中重金属对儿童经口摄食和皮肤接触的平均暴露量

采样点	锌			铜			镉			铬			砷		
	C 毫克/升	CD_{ing} 毫克/千克·天	CD_{derm} 毫克/千克·天	C 毫克/升	CD_{ing} 毫克/千克·天	CD_{derm} 毫克/千克·天	C 毫克/升	CD_{ing} 毫克/千克·天	CD_{derm} 毫克/千克·天	C 毫克/升	CD_{ing} 毫克/千克·天	CD_{derm} 毫克/千克·天	C 毫克/升	CD_{ing} 毫克/千克·天	CD_{derm} 毫克/千克·天
S1	9.00	0.42	0.0007	8.39	0.39	0.0007	0.11	0.005339	0.000009	0.35	0.016268	0.000028	0.24	0.010932	0.000019
S2	9.23	0.43	0.0007	2.51	0.12	0.0002	0.16	0.007218	0.000013	8.05	0.374155	0.000654	0.93	0.043263	0.000076
S3	10.58	0.49	0.0009	8.13	0.38	0.0007	0.11	0.005113	0.000009	18.01	0.837084	0.001462	1.01	0.046846	0.000082
S4	22.74	1.06	0.0018	14.97	0.70	0.0012	0.14	0.006507	0.000011	14.65	0.680915	0.001189	0.45	0.021046	0.000037
S5	1.72	0.08	0.0001	2.87	0.13	0.0002	0.19	0.008831	0.000015	21.79	1.012774	0.001769	1.57	0.073107	0.000128
S6	8.32	0.39	0.0007	8.61	0.40	0.0007	0.15	0.006972	0.000012	22.71	1.055535	0.001844	0.49	0.022979	0.000040
S7	8.78	0.41	0.0007	8.37	0.39	0.0007	0.13	0.006251	0.000011	5.01	0.232859	0.000407	0.10	0.004866	0.000008
S8	2.44	0.11	0.0002	5.31	0.25	0.0004	0.23	0.010537	0.000018	0.19	0.008831	0.000015	0.25	0.011713	0.000020
S9	21.46	1.00	0.0017	12.77	0.59	0.0010	0.13	0.006131	0.000011	10.57	0.491282	0.000858	0.66	0.030732	0.000054
S10	11.02	0.51	0.0009	7.25	0.34	0.0006	0.10	0.004633	0.000008	22.96	1.067155	0.001864	0.61	0.028399	0.000050
平均值	10.53	0.49	0.0009	7.92	0.37	0.0006	0.15	0.006753	0.000012	12.43	0.577686	0.001009	0.63	0.029388	0.000051

表 7－13　洪湖湖水中重金属对成人经口摄食和皮肤接触的平均暴露量

采样点	锌（Zn）			铜（Cu）			镉（Cd）			铬（Cr）			砷（As）		
	C 毫克/升	CD_{ing} 毫克/千克·天	CD_{derm} 毫克/千克·天	C 毫克/升	CD_{ing} 毫克/千克·天	CD_{derm} 毫克/千克·天	C 毫克/升	CD_{ing} 毫克/千克·天	CD_{derm} 毫克/千克·天	C 毫克/升	CD_{ing} 毫克/千克·天	CD_{derm} 毫克/千克·天	C 毫克/升	CD_{ing} 毫克/千克·天	CD_{derm} 毫克/千克·天
S1	9.00	0.25	0.0009	8.39	0.23	0.0013	0.11	0.0032	0.000018	0.35	0.0097	0.000112	0.24	0.0065	0.000038
S2	9.23	0.25	0.0009	2.51	0.07	0.0004	0.16	0.0043	0.000025	8.05	0.2223	0.002587	0.93	0.0257	0.000150
S3	10.58	0.29	0.0010	8.13	0.22	0.0013	0.11	0.0030	0.000018	18.01	0.4973	0.005787	1.01	0.0278	0.000162
S4	22.74	0.63	0.0022	14.97	0.41	0.0024	0.14	0.0039	0.000022	14.65	0.4045	0.004707	0.45	0.0125	0.000073
S5	1.72	0.05	0.0002	2.87	0.08	0.0005	0.19	0.0052	0.000031	21.79	0.6017	0.007001	1.57	0.0434	0.000253
S6	8.32	0.23	0.0008	8.61	0.24	0.0014	0.15	0.0041	0.000024	22.71	0.6271	0.007297	0.49	0.0137	0.000079
S7	8.78	0.24	0.0008	8.37	0.23	0.0013	0.13	0.0037	0.000022	5.01	0.1383	0.001610	0.10	0.0029	0.000017
S8	2.44	0.07	0.0002	5.31	0.15	0.0009	0.23	0.0063	0.000036	0.19	0.0052	0.000061	0.25	0.0070	0.000040
S9	21.46	0.59	0.0021	12.77	0.35	0.0021	0.13	0.0036	0.000021	10.57	0.2919	0.003396	0.66	0.0183	0.000106
S10	11.02	0.30	0.0011	7.25	0.20	0.0012	0.10	0.0028	0.000016	22.96	0.6340	0.007377	0.61	0.0169	0.000098
平均值	10.53	0.29	0.0010	7.92	0.22	0.0013	0.15	0.004012	0.000023	12.43	0.343195	0.003994	0.63	0.017459	0.000102

如第四章和第五章所述，洪湖农业面源污染导致的健康风险可分为非致癌风险和致癌风险两类，其评估过程可如下开展：

1. 非致癌风险评估

非致癌风险评估是将非致癌污染物的平均暴露量与 RfD 进行比较，算出其危害指数 HI 结果的方法，其评估模型和参数为：

$$HQ_{ing/derm} = \frac{CD_{ing/derm}}{RfD_{ing/derm}} \tag{7-14}$$

$$RfD_{derm} = RfD_{ing} \times ABS_{GI} \tag{7-15}$$

$$HI = \sum_{i=1}^{n} (HQ_{ing} + HQ_{derm}) \tag{7-16}$$

式中：

HQ_{ing}：经口摄食途径暴露风险值；

HQ_{derm}：经皮肤接触途径暴露风险值；

CD_{ing}：经口摄食的平均暴露量（毫克/千克·天）；

CD_{derm}：经皮肤接触的平均暴露量（毫克/千克·天）；

RfD_{ing}：经口摄食的关键污染因子暴露参考量（微克/千克·天）①；

RfD_{derm}：经皮肤接触的关键污染因子暴露参考量（微克/千克·天）；

ABS_{GI}：胃肠道吸收系数。

通过经非致癌风险的评估模型计算可得各重金属对儿童、成人经口摄食和皮肤接触的非致癌风险值和非致癌风险危害指数如表 7－14 和表 7－15 所示。

根据评估模型计算结果可知，洪湖湖水中重金属对经口摄食和皮肤接触的非致癌暴露风险值之和影响从大到小依次为：铬 > 砷 > 镉 > 铜 > 锌。从整体看，洪湖湖水中重金属对成人非致癌风险值要小于儿童，这说明成人比儿童对于重金属暴露的非致癌风险耐受性要

① 侯捷等：《我国居民暴露参数特征及其对风险评估的影响》，《环境科学与技术》2014 年第 8 期。

表 7-14 洪湖湖水中重金属对儿童经口摄食和皮肤接触暴露的非致癌风险

采样点	锌（Zn）		铜（Cu）		镉（Cd）		铬（Cr）		砷（As）		HI
	HQ_{ing}	HQ_{derm}	HQ_{ing}	HQ_{derm}	HQ_{ing}	HQ_{derm}	HQ_{ing}	HQ_{derm}	HQ_{ing}	HQ_{derm}	
S1	1.39E-03	4.87E-06	9.75E-03	2.99E-05	1.07E-02	3.73E-04	5.42E-03	9.47E-06	3.64E-02	6.70E-05	6.42E-02
S2	1.43E-03	5.00E-06	2.91E-03	8.93E-06	1.44E-02	5.04E-04	1.25E-01	2.18E-04	1.44E-01	2.65E-04	2.89E-01
S3	1.64E-03	5.73E-06	9.44E-03	2.89E-05	1.02E-02	3.57E-04	2.79E-01	4.87E-04	1.56E-01	2.87E-04	4.58E-01
S4	3.52E-03	1.23E-05	1.74E-02	5.33E-05	1.30E-02	4.55E-04	2.27E-01	3.96E-04	7.02E-02	1.29E-04	3.32E-01
S5	2.66E-04	9.31E-07	3.33E-03	1.02E-05	1.77E-02	6.17E-04	3.38E-01	5.90E-04	2.44E-01	4.48E-04	6.04E-01
S6	1.29E-03	4.50E-06	1.00E-02	3.06E-05	1.39E-02	4.87E-04	3.52E-01	6.15E-04	7.66E-02	1.41E-04	4.55E-01
S7	1.36E-03	4.75E-06	9.72E-03	2.98E-05	1.25E-02	4.37E-04	7.76E-02	1.36E-04	1.62E-02	2.98E-05	1.18E-01
S8	3.78E-04	1.32E-06	6.17E-03	1.89E-05	2.11E-02	7.36E-04	2.94E-03	5.14E-06	3.90E-02	7.18E-05	7.04E-02
S9	3.32E-03	1.16E-05	1.48E-02	4.55E-05	1.23E-02	4.28E-04	1.64E-01	2.86E-04	1.02E-01	1.88E-04	2.98E-01
S10	1.71E-03	5.96E-06	8.42E-03	2.58E-05	9.27E-03	3.24E-04	3.56E-01	6.21E-04	9.47E-02	1.74E-04	4.71E-01
平均值	1.63E-03	5.70E-06	9.20E-03	2.82E-05	1.35E-02	4.72E-04	1.93E-01	3.36E-04	9.80E-02	1.80E-04	3.16E-01

表7－15　洪湖湖水重金属对成人经口摄食和皮肤接触暴露的非致癌风险

采样点	锌（Zn）		铜（Cu）		镉（Cd）		铬（Cr）		砷（As）		HI
	HQ_{ing}	HQ_{derm}	HQ_{ing}	HQ_{derm}	HQ_{ing}	HQ_{derm}	HQ_{ing}	HQ_{derm}	HQ_{ing}	HQ_{derm}	
S1	8.28E－04	5.78E－06	5.79E－03	5.91E－05	6.34E－03	7.38E－04	3.22E－03	1.50E－03	2.16E－02	1.33E－04	4.03E－02
S2	8.50E－04	5.93E－06	1.73E－03	1.77E－05	8.58E－03	9.98E－04	7.41E－02	3.45E－02	8.57E－02	5.25E－04	2.07E－01
S3	9.74E－04	6.80E－06	5.61E－03	5.73E－05	6.07E－03	7.07E－04	1.66E－01	7.72E－02	9.28E－02	5.68E－04	3.50E－01
S4	2.09E－03	1.46E－05	1.03E－02	1.05E－04	7.73E－03	9.00E－04	1.35E－01	6.28E－02	4.17E－02	2.55E－04	2.61E－01
S5	1.58E－04	1.11E－06	1.98E－03	2.02E－05	1.05E－02	1.22E－03	2.01E－01	9.34E－02	1.45E－01	8.87E－04	4.53E－01
S6	7.66E－04	5.35E－06	5.94E－03	6.06E－05	8.28E－03	9.64E－04	2.09E－01	9.73E－02	4.55E－02	2.79E－04	3.68E－01
S7	8.08E－04	5.64E－06	5.78E－03	5.90E－05	7.43E－03	8.64E－04	4.61E－02	2.15E－02	9.64E－03	5.90E－05	9.22E－02
S8	2.25E－04	1.57E－06	3.66E－03	3.74E－05	1.25E－02	1.46E－03	1.75E－03	8.14E－04	2.32E－02	1.42E－04	4.38E－02
S9	1.98E－03	1.38E－05	8.81E－03	9.00E－05	7.28E－03	8.48E－04	9.73E－02	4.53E－02	6.09E－02	3.73E－04	2.23E－01
S10	1.01E－03	7.08E－06	5.00E－03	5.11E－05	5.50E－03	6.41E－04	2.11E－01	9.84E－02	5.62E－02	3.44E－04	3.78E－01
平均值	9.69E－04	6.77E－06	5.46E－03	5.58E－05	8.02E－03	9.34E－04	1.14E－01	5.32E－02	5.82E－02	3.56E－04	2.42E－01

强于儿童。研究显示，经口摄食是重金属暴露而导致健康风险的主要途径，原因是这些污染物中的重金属可直接被胃肠道吸收（Wuet et al.，2009；Sureshet et al.，2012）。因此，如表7－14和表7－15所示，洪湖湖水重金属对人体的总非致癌风险危害指数为0.558，其中重金属对儿童经口摄食和皮肤接触暴露的非致癌风险指数为0.316，重金属对成人经口摄食和皮肤接触暴露的非致癌风险危害指数为0.242。无论是在儿童或成人中，所有经口摄食的重金属暴露非致癌风险值均要大于经皮肤接触的非致癌风险值，且无论是儿童或成人经口摄食和经皮肤接触的暴露途径中，各个采样点非致癌风险值和总非致癌风险危害指数值均未超过限值1，表明洪湖湖水中经口摄食和经皮肤接触暴露途径均未对儿童或成人产生太大的非致癌风险，目前的暴露风险在可接受水平。

各个采样点的重金属非致癌风险对于儿童和成人来看，无论是经口摄食和经皮肤接触的暴露途径，采样点S5都具有最高非致癌风险值而采样点S1的非致癌风险值最低。值得注意的是，洪湖湖水中重金属铬非致癌风险值相比其他四个重金属都高。其中，重金属铬的非致癌风险值最高点0.356出现在采样点S10的对儿童摄食暴露途径；重金属铬对成人的非致癌风险值最高点0.211也出现在摄食暴露途径采样点S10；重金属锌的非致癌风险值最高点0.00352出现在采样点S4的对儿童摄食暴露途径；重金属锌的非致癌风险值最高点0.00209也出现在采样点S4的对成人摄食暴露途径；重金属铜对儿童的非致癌风险值最高点0.0148出现在摄食暴露途径采样点S9；重金属铜对成人的非致癌风险值最高点0.00881也出现在摄食暴露途径采样点S9；重金属镉对儿童的非致癌风险值最高点0.0211出现在摄食暴露途径采样点S8；重金属镉对成人的非致癌风险值最高点0.0125也出现在摄食暴露途径采样点S8；重金属砷对儿童的非致癌风险值最高点0.244出现在摄食暴露途径采样点S5；重金属砷对成人的非致癌风险值最高点0.145出现在摄食暴露途径采样点S5。因此，洪湖湖水中重金属铬非致癌风险要高于其他四类重金属。

同样，为方便研究本书洪湖水中重金属非致癌风险值，本书以 ArcGIS 9.3 为软件平台和反距离加权法（IDW），构建了对于儿童和成人的空间分布图。如图 7－3 所示，对于非致癌风险危害指数，无论是儿童还是成人，其洪湖湖水中重金属暴露的值在各采样点的大小顺序为：S5 > S10 > S3 > S6 > S4 > S9 > S2 > S7 > S8 > S1。

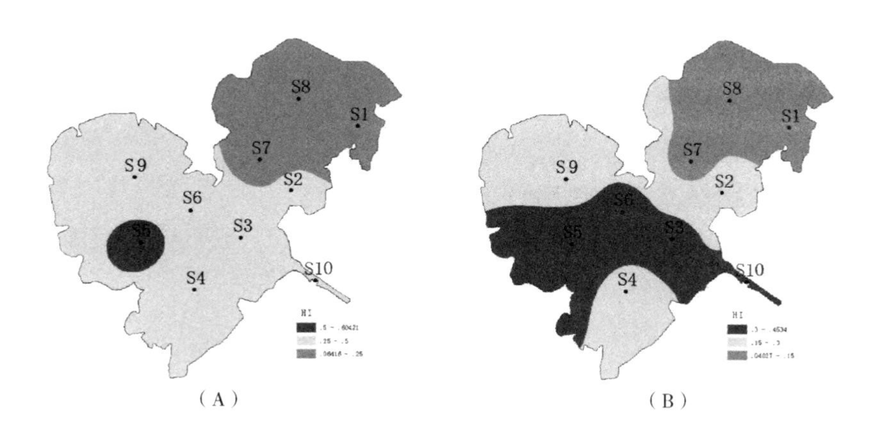

图 7－3　洪湖湖水中重金属对儿童和成人非致癌风险危害指数空间分布

从 HI 的空间分布图可以看出，洪湖湖水中重金属对儿童各采样点的 HI 值共分为三类：采样点 S1，S7 和 S8 为低风险区域，采样点 S2，S4 和 S9 为中风险区域，采样点 S3，S5，S6 和 S10 为高风险区域。同样，洪湖湖水中重金属对成人各采样点的非致癌风险指数值共分为三类：S1，S7 和 S8 为低风险区域，采样点 S2，S3，S4，S6，S9 和 S10 为中风险区域，采样点 S5 为高风险区域。

综上所述，尽管洪湖湖水中重金属对儿童和成人的非致癌风险值和非致癌风险危害指数均未超出阈值 1，整体重金属污染非致癌风险表现为可接受水平，但是从非致癌风险指数值的空间分布来看，洪湖西部和洪湖出口处的渔民和村民具有更强的暴露健康风险，从以人为本的长远角度看，当地政府和环境部门应引起足够的重视，重点控制该区域的农业面源污染。

2. 致癌风险评估

洪湖湖水中重金属的致癌风险评估也可参考 USEPA 推荐的模型法来完成。根据 USEPA 对具有致癌风险重金属的描述，洪湖湖水中重金属镉、铬和砷为潜在致癌物。同时，重金属锌和铜 USEPA 尚无足够的毒理学数据证明其具有致癌风险。当有多个致癌物质暴露影响时，致癌风险为各污染物的可能暴露途径产生的致癌风险之和，其风险评估模型如下。

经口摄入途径的风险评估：

$$R_{ing} = CD_{ing} \times SF/70 \tag{7-17}$$

经皮肤接触途径的风险评估：

$$R_{derm} = CD_{derm} \times SF/70 \tag{7-18}$$

总致癌风险为：

$$R_{total} = R_{ing} + R_{derm} \tag{7-19}$$

式中：

R_{total}：总致癌风险；

R_{ing}：经口摄入途径的年均致癌风险；

R_{derm}：经皮肤接触途径的年均致癌风险。

SF 为致癌强度系数，参考 USEPA 和王若师（2012）的研究，Cd 的 SF 值为 6.1，Cr 的 SF 值为 0.5 和 As 的 SF 值为 1.5，单位为毫克/千克·天；

CD_{ing}：经口摄食的平均暴露量（毫克/千克·天）；

CD_{derm}：经皮肤接触的平均暴露量（毫克/千克·天）。

按模型可计算重金属不同暴露路径对儿童和成人的致癌风险。

根据评估模型计算结果可知，如表 7-16 和表 7-17 所示，洪湖湖水中重金属对经口摄食和皮肤接触的非致癌暴露风险值之和影响从大到小依次为铬 > 砷 > 镉。从整体看，与非致癌风险类似，洪湖湖水中重金属对成人致癌风险值要小于儿童，这说明成人比儿童对于重金属暴露的致癌风险耐受性要强于儿童，且儿童对重金属更加敏感，受到重金属的危害更大，更应加强儿童的饮水和与湖水接触的安全。如表7－16和表7－17所示，洪湖湖水重金属对人体的总致癌风险为8.56×10^{-6}，其中重金属对儿童经口摄食和皮肤接触暴露的致癌风险为5.35×10^{-6}，重金属对成人经口摄食和皮肤接触暴露的致癌风险为3.21×10^{-6}。根据USEPA对致癌风险的标准，当日均致癌风险在$1\times10^{-6}-1\times10^{-4}$时是可以接受的风险，当日均致癌风险大于$1\times10^{-4}$认为是不可接受的，必须采取降低风险的措施。因此，无论是儿童还是成人经口摄食和经皮肤接触的暴露途径中，各个采样点致癌风险R值和总致癌风险R_{total}值均未超过限值1×10^{-4}，表明洪湖湖水中经口摄食和经皮肤接触暴露途径均未对儿童或成人产生太大的致癌风险，目前的暴露风险在可接受水平。

表7－16　洪湖湖水中重金属对儿童经口摄食和皮肤接触暴露的致癌风险

采样点	镉（Cd）		铬（Cr）		砷（As）		R_{total}
	R_{ing}	R_{derm}	R_{ing}	R_{derm}	R_{ing}	R_{derm}	
S1	4.65E－07	8.13E－10	1.16E－07	2.03E－10	2.34E－07	4.09E－10	1.40E－06
S2	6.29E－07	1.10E－09	2.67E－06	4.67E－09	9.27E－07	1.62E－09	7.54E－06
S3	4.46E－07	7.78E－10	5.98E－06	1.04E－08	1.00E－06	1.75E－09	1.39E－05
S4	5.67E－07	9.90E－10	4.86E－06	8.50E－09	4.51E－07	7.88E－10	1.13E－05
S5	7.70E－07	1.34E－09	7.23E－06	1.26E－08	1.57E－06	2.74E－09	1.76E－05
S6	6.08E－07	1.06E－09	7.54E－06	1.32E－08	4.92E－07	8.60E－10	1.68E－05
S7	5.45E－07	9.52E－10	1.66E－06	2.91E－09	1.04E－07	1.82E－10	4.53E－06
S8	9.18E－07	1.60E－09	6.31E－08	1.10E－10	2.51E－07	4.38E－10	2.22E－06
S9	5.34E－07	9.33E－10	3.51E－06	6.13E－09	6.59E－07	1.15E－09	8.76E－06
S10	4.04E－07	7.05E－10	7.62E－06	1.33E－08	6.09E－07	1.06E－09	1.67E－05
平均值	5.88E－07	1.03E－09	4.13E－06	7.21E－09	6.30E－07	1.10E－09	5.35E－06

表7－17　洪湖湖水中重金属对成人经口摄食和皮肤接触暴露的致癌风险

采样点	镉（Cd）		铬（Cr）		砷（As）		R_{total}
	R_{ing}	R_{derm}	R_{ing}	R_{derm}	R_{ing}	R_{derm}	
S1	2.76E－07	1.61E－09	6.90E－08	8.03E－10	1.39E－07	8.10E－10	8.36E－07
S2	3.74E－07	2.17E－09	1.59E－06	1.85E－08	5.51E－07	3.20E－09	4.52E－06

续表

采样点	镉（Cd）		铬（Cr）		砷（As）		R_{total}
	R_{ing}	R_{derm}	R_{ing}	R_{derm}	R_{ing}	R_{derm}	
S3	2.65E-07	1.54E-09	3.55E-06	4.13E-08	5.96E-07	3.47E-09	8.32E-06
S4	3.37E-07	1.96E-09	2.89E-06	3.36E-08	2.68E-07	1.56E-09	6.79E-06
S5	4.57E-07	2.66E-09	4.30E-06	5.00E-08	9.31E-07	5.41E-09	1.06E-05
S6	3.61E-07	2.10E-09	4.48E-06	5.21E-08	2.93E-07	1.70E-09	1.01E-05
S7	3.24E-07	1.88E-09	9.88E-07	1.15E-08	6.20E-08	3.60E-10	2.71E-06
S8	5.45E-07	3.17E-09	3.75E-08	4.36E-10	1.49E-07	8.68E-10	1.32E-06
S9	3.17E-07	1.85E-09	2.08E-06	2.43E-08	3.91E-07	2.28E-09	5.25E-06
S10	2.40E-07	1.40E-09	4.53E-06	5.27E-08	3.62E-07	2.10E-09	1.00E-05
平均值	3.50E-07	2.03E-09	2.45E-06	2.85E-08	3.74E-07	2.18E-09	3.21E-06

（四）健康风险水平评估

综上所述，洪湖湖水五种主要的重金属对人体总非致癌风险危害指数为0.558，其中重金属对儿童经口摄食和皮肤接触暴露的非致癌风险危害指数值为0.316，重金属对成人经口摄食和皮肤接触暴露的非致癌风险危害指数值为0.242。各个采样点非致癌风险值和总非致癌风险危害指数值均未超过限值1，表明洪湖湖水中经口摄食和经皮肤接触暴露途径均未对儿童还是成人产生太大的非致癌风险，目前的暴露风险在可接受水平。

洪湖湖水重金属对人体的总致癌风险为8.56×10^{-6}，其中重金属对儿童经口摄食和皮肤接触暴露的致癌风险为5.35×10^{-6}，重金属对成人经口摄食和皮肤接触暴露的致癌风险为3.21×10^{-6}。因此，无论是儿童还是成人经口摄食和经皮肤接触的暴露途径中，各个采样点致癌风险值和总致癌风险值均未超过限值1×10^{-4}，表明洪湖湖水中经口摄食和经皮肤接触暴露途径均未对儿童或成人产生太大的致癌风险，目前的暴露风险在可接受水平。

随后，课题组针对洪湖多介质重金属（铬、铜、锌、铅和镉）暴露的综合健康风险开展研究。结果表明，对洪湖底泥而言，镉为风险优先金属（Li et al.，2018a，2018b）。典型水生动物鱼的健康风险评估结果表明，湖北居民食用野生鱼或养殖鱼的鱼肉和鱼杂均无明显健康风险，食用野生鱼杂带来的健康风险高于使用野生鱼肉，食用养殖鱼肉的健康风险高于食用养殖鱼杂，推荐鱼杂的食用限值为528克/天（Zhang et al.，2018）。同时，也有研究对洪湖及其周边地表水的抗生素进行了调查研究，发现四环素、土霉素、磺胺嘧啶和环丙沙星对几乎所有水样中的藻类都有中毒至高度的生态危害（Wang et al.，2017）。综上，有关洪湖水生态系统多介质的健康风险受到了广泛的关注。

二　污染健康损害经济评估

如第四章和第五章所述，若对研究区域中的农业面源污染化合物或危害因子造成的环境健康风险评估结果为不可接受，那么就要对污染造成的健康损害进行经济评估，此时可采用人力资本法进行评估。

前文提及，洪湖农业面源污染的关键因子包含持久性有机物、非持久性有机物和重金属三大类。一方面，持久性有机物和非持久性有机物主要是对环境损害造成的直接经济损失，已可由Johnes输出系数法和环境价值评估法估算。另一方面，由于本书采样的限制，主要采集的研究区域面源污染样品为具有代表性的地表水，且重金属对于人体的健康风险要远远大于其他污染有机物。加之洪湖湖水中重金属对人体的总致癌风险危害指数和总致癌风险均在可接受水平，洪湖农业面源污染环境损害未对环境健康造成较大的非致癌风险和致癌风险，总体环境健康风险在可接受水平。因此，洪湖农业面源污染中的重金属对环境造成的健康损害经济评估就失去意义，可判定其未对造成的环境污染健康损害经济损失。

综上所述，本章对2015年洪湖农业面源污染环境损害经济损失的三个方面，运用前文所述的评估方法和指标，对环境自身损害经济损失、污染直接经济损失和污染健康损害经济损失进行了评估。

通过模型应用，计算得出洪湖农业面源污染环境自身损害的经济损失为 75000 万元，面源污染的直接经济损失为 19163.65 万元。因农业面源污染环境损害的致癌风险和非致癌风险均在可接受水平，因此该污染未造成健康损害经济损失。

第八章

农业面源污染治理与防控的对策建议

对于农业面源污染治理对策建议是整个农业面源污染环境损害经济评估的最后一个环节，也是较为重要的一个步骤。它是整个环境损害经济评估的最终落脚点和下一个阶段农业面源污染治理工作开展的起点。农业面源污染环境损害经济评估的最终目标是希望通过对一定研究区域农业面源污染的关键污染因子及其造成的环境自身、直接经济和健康损害的损失评估，定量地分析该区域农业面源污染的现状，探寻制约生态文明建设和农业可持续发展相关因素，结合相关实证研究，以该区域为例来为政府决策部门和社会民众提出治理该区域农业面源污染的对策建议。

第一节　农业面源污染的“压力—状态—响应”分析框架

一　“压力—状态—响应”的分析框架

“压力—状态—响应”的分析框架（Press - State - Response, PSR），又称 PSR 分析机制或模型，它是环境生态系统健康中常用的一种评价模型，最早由加拿大统计学家 Rapport 和 Friend（1979）提出，后由经济合作与发展组织（OECD）和联合国环境规划署（UN-

EP）共同发展起来用于研究环境问题与对策的框架体系。压力（Press）是指自然或人为给环境带来的负面影响，包括产生污染的多少和途径，如资源索取、物质消费以及各种产业运作过程所产生的物质排放等对环境造成的破坏和扰动；状态（State）是指由于环境受到压力后，特定时间阶段的环境情况，包括自然环境与生态系统现状、人类的生活质量和健康状况等；响应是指人类面临上述环境问题所采取相应对策，来减轻、阻止、恢复和预防人类活动对环境的负面影响，以及对已经发生的不利于人类生存发展的生态环境变化进行补救的措施。简言之，“压力—状态—响应”模型分析的基本思路是“环境发生了什么、为什么发生、我们将如何改善”，即人类通过各种活动从自然环境中获取其生存与发展所必需的资源，同时又向环境排放废弃物，从而改变了自然资源储量与环境质量，而自然和环境状态的变化又反过来影响人类的社会经济活动和生存环境。人们社会通过环境政策、经济政策和部门政策，以及通过意识和行为的变化而对这些变化做出反应，进而改善环境。这一 PSR 逻辑过程体现了人类与环境之间的相互作用关系，广泛应用于农业和环境可持续发展研究。

对于农业面源污染，若用“压力—状态—响应”的逻辑框架去分析，则“压力”是指农业面源污染产生的原因和途径，即农业生产活动中，农田中的泥沙、营养盐、农药及其他污染物，在降水或灌溉过程中，通过农田地表径流、壤中流、农田排水和地下渗漏，进入水体而形成的面源污染，而这些污染物主要来源于农田施肥、农药、畜禽及水产养殖和农村居民的生活；“状态”表示这些农业面源污染物不断排放后，对环境造成的影响，即环境呈现的现实状态；“响应”是通过政府采取的行政、环境和经济方面的措施，来促进环境质量的改善和农业可持续发展，它既包含对农业面源污染的现实治理，又包括控制农业面源污染源头农户的产污水平和产污量。其中，响应机制即农业面源污染响应治理对策是该逻辑框架的核心，而广大农户又是对这些响应治理对策的行为主体，是农业面源污染治理的关键环节。

二　农业面源污染的压力状态分析

在开展农业面源污染的环境损害经济评估实证研究中，一般会对研究区域的农业面源污染做一个客观具体的调查、分析和评估，因此可采用“压力—状态—响应”的逻辑框架去分析该研究区域农业面源污染的压力：污染来源和途径、污染的状态、污染的现状（环境自身损害、直接经济损害和环境健康风险）和造成的经济损失。

（一）农业面源污染的压力因子

在农业面源污染中压力因子主要是指研究区域内农民生产和生活中产生的农业面源污染。以江汉平原洪湖流域为例，结合实地调研、实验室监测和农业面源污染的来源及途径分析可知，洪湖流域农业面源污染的压力因子主要源于农田土地侵蚀、畜禽养殖污染、水产养殖污染、农村生活污染及固体废弃物五个方面。

1. 农田土地侵蚀压力因子

农田土壤侵蚀主要是洪湖流域农民在生产中广泛使用的化肥和农药造成。其主要表现在三个方面：

第一，洪湖地区化肥的施用量是随着经济的发展而不断增大的，经历了从无到有再到多的过程。20 世纪 50—60 年代，由于经济不是特别发达，洪湖地区农业的种植主要使用的是自然肥料、农家肥料，甚至包括河床淤泥和大树落叶等。随着改革开放，洪湖地区经济迅速腾飞，随着农户在农业生产中使用化肥和农药增产明显，从那时起化肥和农药的使用量也越来越大。如图 8 - 1 所示，洪湖市化肥使用量从 2000 年开始就一直处于高位水平。据张中杰（2007）的研究，1999—2006 年的 7 年间，洪湖地区化肥的使用量高达 1747. 79 千克/公顷，是美国和欧洲等发达国家或地区制定的安全标准 225 千克/公顷的 7. 8 倍。化肥的施用量大大超出农作物吸收能力，其中氮肥的利用率不足 35%，磷肥的利用率不足 20%，这些均加大了洪湖流域水体的农业面源污染。

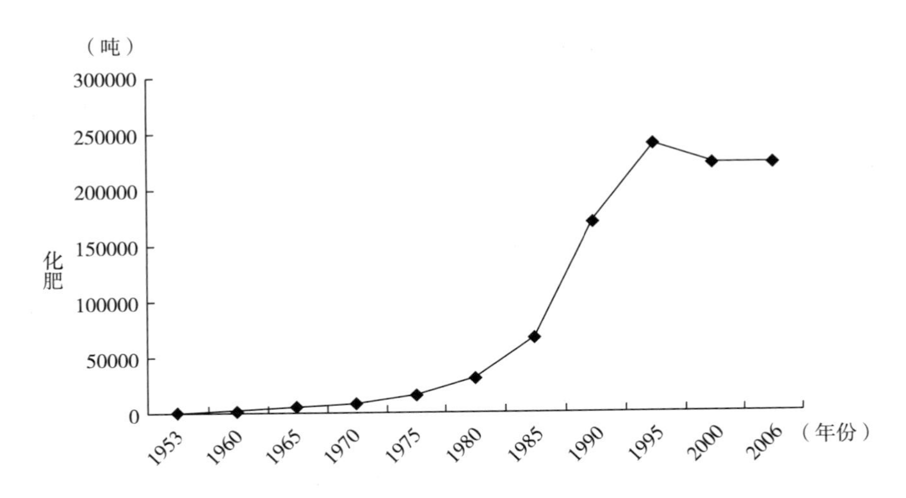

图8－1　1953—2006年洪湖市农业生产化肥用量统计

资料来源：笔者在马润美（2007）的文献基础上整理而得。

第二，洪湖地区的农业也呈现明显增长趋势。方敏等（2006）从洪湖沉积物柱中检测出有19种有机氯类农药，通过对该柱芯样进一步分析发现洪湖湖区于20世纪60年代开始使用有机氯农药，70年代稳步上升，80年代后期施用量有短暂下降，但自90年代开始有机氯农药的施用量又快速上升。据统计，2006—2010年，洪湖市农药的平均施用量达到21.3千克/公顷，远远超过美国等发达国家标准。加之农药的吸收率一般只有20%—30%，因此农业面源农药污染也不容忽视。

第三，洪湖地区农业大多为灌溉式，大量的化肥和农药残留可以通过灌溉水或雨水的冲刷，然后经地表径流流入水体，从而加大了洪湖农业面源污染中农药和化肥的污染。

2. 畜禽养殖污染压力因子

畜禽养殖污染压力因子主要由该地区大量养殖畜禽而造成，具体表现为三点：首先，随着湖北省洪湖市人民的生活水平不断提高，多年来对畜禽类的消费水平不断增长，这也从客观和源头上加重了畜禽养殖业带来的污染。其次，随着养殖业的发展，洪湖地区许多养殖场均是依托发达的水系和河网而建，加之这些养殖场大多都没有专门的污水处理设施，大规模发展的养殖业排放出了大量粪便和污水，而这些污染物直接流入水体或者在堆存期间因雨水冲刷进入土壤最终进入地表水。最后，当地农民常年保持将畜禽类粪便肥田的习惯，如前分析，这些粪便若不能及时利用，也会随着灌溉和雨水冲刷进入地表径流直至洪湖，造成环境污染。

3. 水产养殖污染压力因子

水产养殖污染压力因子主要由洪湖地区大量鱼塘和大湖水产养殖造成，具体表现为三点：首先，自 20 世纪 80 年代开始，洪湖湖面开始围网养鱼。到 2004 年左右，洪湖湖面和流域内池塘水产养殖迅猛发展甚至达到失控状态。自 2005 年开始申报国家自然保护区至 2014 年正式获批的这些年中，洪湖虽对围网养鱼加以控制，但是其总量仍居高不下。其次，洪湖水产养殖由于产业经济结构的调整和经济效益的引导，大部分围网湖面和鱼塘已由原来的养鱼变成养蟹，而养蟹的饲料和排泄物污染均高于养鱼。最后，由于渔民经济水平的提高，洪湖水产养殖模式经历了由粗养到精养的转变，因追求水产品产物面积产量和经济效益使得渔民大量使用精养饲料，而过量的饲料很快进入水体或沉至底泥，而这些均称为水产养殖污染的重要来源。

4. 农村生活污染压力因子

农村生活污染压力因子主要是由洪湖当地渔民或村民的生活造成，具体表现为：如前所述，由于洪湖地区农村生活条件的变好，虽然大部分农村地区家庭均装有自来水和排污管道，生活污水通过排污口或管道进入污水厂，但是洪湖湖中和湖边的渔民，大部分家中还未达到此条件，加之部分农民的生活习惯，使得许多生活污水直接泼洒在地或明沟排放，随地表径流渗入水体。另外，洪湖部分地区特别是农村排污能力不足，也导致许多生活污水以直接或间接的方式进入水体，造成农业面源污染。

5. 固体废弃物污染压力因子

固体废弃物污染压力因子主要是由洪湖当地农民秸秆废弃物或蔬菜废弃物随意处置而造成，具体表现为洪湖地区农作物物产丰富，但秸秆资源更充足，随着科技的进步和经济的进一步发展，现在农村对秸秆的利用率在不断弱化和下降，导致当地农民将秸秆大量的焚烧或随意堆弃，许多均随雨水和地表径流污染水体。另外，蔬菜废弃物在该地区也比较常见，由于其高营养性，一旦腐烂变质后也会由雨水随地表径流进入水体，产生农业面源污染。

（二）农业面源污染的状态因子

再以洪湖流域为例，该区域农业面源污染的状态因子是由农业面源污染物从上述五个方面不断排放后，环境呈现的现实状态和对其造成的影响，即表现为污染状态和污染影响两个方面。

1. 农业面源污染的状态因子：污染状态

如第六章所述，经过实地调研、采样和实验室检测，洪湖流域农业面源污染状态主要表现为环境自身损害、污染直接经济损失和环境健康损害。

农业面源污染环境自身损害状态因子主要体现在洪湖湖水中重金属浓度、重金属的空间分布特征和环境自身损害经济损失三个方面。第一，在洪湖湖水中重金属平均浓度方面，锌、铜、砷和镉四类重金属的平均浓度均在环境基线《地表水环境质量标准》所规定的范围之内。然而，重金属铬的平均浓度为 12.43 微克/升，超过了环境基线中对于国家级自然保护区 10 微克/升的标准，并超出 1.43 倍。第二，湖水中各重金属平均浓度与世界水质背景值相比，其含量均超过了对应重金属的标准。其中，重金属铜超出 15 倍，铬超出 12.43 倍，铜超出 7.92 倍，锌超出 1.53 倍。但在与中国三大湖泊的重金属浓度的比较中，洪湖湖水中的重金属污染相对最轻。第三，在重金属的空间分布特征方面，洪湖湖水中重金属锌在洪湖西部和洪湖出口部富集；重金属铜在洪湖西部富集；重金属镉在洪湖东部富集，其次为洪湖西部和洪湖出口部；重金属铬在洪湖西部富集，其次为洪湖出口部和洪湖东部；重金属砷也同样在洪湖西部富集，然后是洪湖东部和洪湖出口部。第四，在环境自身损害经济损失方面，对比环境基线《地表水环境质量标准》（GB 3838—2002）中对于国家自然保护区 I 类水资源的要求，真正超过环境基线标准对洪湖造成环境损害的为重金属铬，修复该农业面源污染关键污染因子的费用即环境自身损害的经济损失为7.5亿元。

农业面源污染直接经济损失状态因子主要体现在污染负荷总量和农业面源污染直接经济总损失两个方面。首先，在洪湖农业面源污染负荷总量方面，由农田土地侵蚀污染负荷、畜禽养殖污染负荷、水产养殖污染负荷和农村生活污染负荷四部分组成，2015 年总氮的负荷总量为 3812000.06 千克，总磷的负荷总量为 414416.89 千克，化学需氧量的负荷总量为 43979341.08 千克。其中，对于洪湖面源污染总氮的负荷总量，农田土地侵蚀污染占 5.79%、畜禽养殖污染占 60.63%、水产养殖污染占 30.75%、农村生活污染占 2.83%；对于洪湖面源污染 TP 的负荷总量，农田土地侵蚀污染占 3.2%、畜禽养殖污染占 61.54%、水产养殖污染占 33.46%、农村生活污染占 1.8%；对于洪湖面源污染化学需氧量的负荷总量，农田土地侵蚀污染占 1.5%、畜禽养殖污染占 37.92%、水产养殖污染占 60.43%、农村生活污染占 0.15%。其次，农业面源污染直接经济总损失，包括农田土壤侵蚀经济损失、畜禽养殖污染经济损失、水产养殖污染经济损失和农村生活污染经济损失四部分。经前文评估，2015 年洪湖流域面源污染的直接经济损失为 19163.65 万元。

农业面源污染环境健康损害状态因子主要体现在环境健康风险和污染健康损害经济损失两个方面。首先，环境健康风险又包括非致癌风险和致癌风险两点。在非致癌风险方面，尽管洪湖湖水中重金属对儿童和成人的非致癌风险值和非致癌风险危害指数均为超出阈值 1，整体重金属污染非致癌风险表现为可接受水平，但是从非致癌风险危害指数值的空间分布来看，洪湖西部和洪湖出口处的渔民和村民具有更强的暴露健康风险。在致癌风险方面，洪湖湖水重金属对人体的总致癌风险为 8.56×10^{-6}，其中重金属对儿童经口摄食和皮肤接触暴露的致癌风险为 5.35×10^{-6}，重金属对成人经口摄食和皮肤接触暴露的致癌风险为 3.21×10^{-6}，总体致癌风险在可接受水平。其次，对于污染健康损害经济损失，由于洪湖农业面源污染环境损害未对环境健康造成较大的非致癌风险和致癌风险，总体环境健康风险在可接受水平。因此，洪湖农业面源污染中的重金属未造成明显的环境污染健康损害经济损失。

2. 农业面源污染的状态因子：污染影响

农业面源污染的污染影响状态因子体现在关注度高、影响较大的环境污染事件上。农业面源污染若不采取人工干预措施治理，则一部分会被环境自我净化，但多数关键污染因子会留在环境中与其他污染一并造成环境质量的下降，最终一般会以一种极端环境事件的形式爆发出来，造成环境污染影响，洪湖“大湖”变“草原”水葫芦泛滥事件就是一个典型例子。

2015 年 1 月 17 日，湖北网络广播电视台以题为《洪湖之殇：大湖变草原，何时浪打浪?》为题向社会和大众报道了洪湖水葫芦泛滥事件。该报道指出，自 2014 年 6 月以来，洪湖水面集中暴发水葫芦，总共有近十万亩，面积之大历史罕见。洪湖湿地内水葫芦侵害形势更为严峻，水葫芦随上游 14 条主要通湖河道大量涌入洪湖，随风漂流，集中分布在港汊、湖口、河道和养殖区周边等背风区域，形成一个个“浮岛”。只要是水葫芦堆积的地方，水质污浊发黑，刺鼻发臭。水葫芦暴发更是直接影响了当地渔民和村民的生活生产并给农业灌溉带来较大影响，沿线农户乘船出行受阻，日常抽水饮水困难，水产养殖也出现大量死亡的现象。而且更为忧虑的是，水葫芦具有富集重金属等有毒物质的能力，如果打烂后沉入水底，很容易形成二次污染。

发生这一切的根源就是洪湖流域多种途径的农业面源污染，导致水体中氮、磷和重金属等易于被水葫芦吸收和生长的关键污染因子过量存在，才发生如此受人关注的公众环境污染事件，造成大范围的影响。

第二节　农业面源污染治理与防控对策建议

“压力—状态—响应”是一个科学合理的逻辑框架，以洪湖为例，分析农业面源污染的五个压力因子和两大状态因子后，应进入农业面源污染的“响应”阶段。污染的“响应”即治理与防控的对策建议：通过 PSR 机制分析针对农业面源污染应采取的对策或应重点采取的治理措施。

随着中国地方经济的高速发展，地区点源污染治理的边际效应在不断递减，农业面源污染已经成为最主要的污染方式和途径。相对点源污染的固定性和可控性，面源污染的随机性、广泛性和潜伏性使其在污染的治理上显得更为棘手。但是，通过本书以江汉平原洪湖为例，对农业面源污染的环境损害经济评估开展研究，基于“压力—状态—响应”逻辑框架分析，加强农业面源污染的治理应从以下六个方面开展。

一　建立和完善农业面源污染防治法规体系

党的十八大，特别是党的十八届三中全会以来，“加强生态文明建设、走绿色发展道路”已成为我国科学、可持续发展的必然要求和重大举措。“增强生态文明建设”更是首度被写入国家五年规划，可见党和国家在战略层面已经高度重视生态环境保护和绿色经济发展的理念。虽然我国涉及农业污染防治方面的法律较多，各地方政府也相应制定了一些防治条例，例如，新《环境保护法》《水污染防治条例》《水污染防治行动计划》（“水十条”）、《土壤污染防治行动计划》（“土十条”）等。但是专门针对农业面源污染而设立的法规较少。在依法治国的大背景下，无法而不立，我国可借鉴欧美等发达国家的经验和例子，尽快出台类似于美国的《清洁水法》欧盟的《硝酸盐指令》和《水框架指令》等法规，从立法层面使社会重视和遵守农业面源污染的防治，并使该污染治理工作的开展有法可依和执法可循，落到实处。

另外，我国国土面积很大，地域经济发展不平衡，而农业面源污染具有较强的地域性，不同经济生产方式的地方其农业面源污染的主体和关键污染因子可能不一样。因此，这就需要我们各级地方政府立足于本地区农业经济发展的实际情况和农业面源污染的污染现状，制定出符合地方经济科学、绿色和可持续发展的面源污染防治条例，从而真正从点源污染和面源污染两个层面加强生态文明建设。从本书的角度出发，地方农业面源污染防治条例应包含：农业清洁生产技术规范、环境友好的化肥和农药使用管理法规，农业优良耕作技术体系规范、有机废弃物排放管理法规和农村生活垃圾资源化处理办法等多个方面。

二 宣传和提高农业面源污染环保意识

一方面，可通过宣传提高农民对农业面源污染防治的意识。从哲学上来看，人的意识是生物反应机能进化的最高级形态，观念是成熟的意识，而意识在很大程度上支配人的行为。要想走绿色可持续的发展道路，不使广大农村农民从观念和意识上认识到农业面源污染的危害和防治的必要性是达不到的。例如，在本书的实地调研和采样过程中，当问及洪湖地区农民农村环境污染的主要原因是什么时，大多数农民还回答的是当地化工企业的排放，而只有极少数的农民才回答说是农药和化肥的过度使用。当问及当地农民这些农药和化肥种的菜，以及各种饲料养的鱼吃下以后会不会影响身体健康时，许多农民甚至提及自己不会吃。这些情况均说明农业面源污染的重视和防治在广大农民意识上的淡薄，充分显示农民环境意识的变化与环境关系的发展变化具有不完全同步性。因此，政府应该通过电视、广播、报纸等多种途径扩大环境信息传播力度，让农民了解过量施肥、农药、水产养殖、禽畜养殖和农业废弃物等与自身健康和利益息息相关，明白面源污染与他们的生产和生活密切相关。提高公众的环保觉悟和参与意识，使农民在进行农业生产时，能加强责任感，减少污染物的投入。

另一方面，通过环保教育提高农民对农业面源污染防治的能力。农民的受教育程度是能否自愿减少污染物使用的最重要的外因，因此环保教育是加强农村农业面源污染治理的有效手段。一是受教育年限越长，农民自身素质越高，所掌握的环境保护知识越丰富，自觉环保的意识也越强。二是农民的文化水平越高，越有利于政府利用现代宣传、培训网络，分层次开展多种形式的教育培训活动，调动农民的环保积极性。三是教育能大大加快农民对先进技术的采纳和学习过程，真正使农民意识到自己“既是污染的制造者又是污染的受害者，既是污染的治理者又是污染的监督者”。

三　探索科学的农业面源污染分类控制模式

农业面源污染的分类控制模式以农业面源污染的四大来源：土壤侵蚀、畜禽养殖污染、水产养殖污染和农村生活污染途径为基础，根据各种污染来源和途径的特点，采取不同污染对应不同防控措施，从而达到全面治理农业面源污染的效果。它是农业面源污染源头控制的具体实施形式，更是基于“压力—状态—响应”逻辑框架的相应响应，具体可分为：农业面源污染土壤侵蚀控制对策、畜禽养殖污染控制对策、水产养殖污染控制对策和农村生活污染控制对策。

（一）土地侵蚀污染控制对策

土地侵蚀造成的农业面源污染相当普遍，以洪湖流域实地调研和采样检测为例，该地区化肥和农药的施用量大大超过了作物需求量，造成了土壤和水体中大量氮素、磷素和化学需氧量的积累。一方面要改变该区域农田化肥施用强度和施用比例不合理、农业种植布局和结构不科学、农田化肥的有效利用率低等导致农田土壤中肥料养分流失率较高的农业生产因素。因此，要调整农业种植布局与施肥品种结构，优化农业种植比例，普及农田测土配方施肥技术和土壤有机质提升技术，制定合理的施肥方式，精确施肥，并积极研发和推广各种减氮控磷的减农药产品和技术。挖掘有机肥源，提倡秸秆还田、粪肥还田，推广施用生物有机肥等新型绿色肥料。必要时政府为加快环境污染的治理，提高耕地质量，可以适当地通过财政对生产推广有机肥进行必要补贴，以经济因素刺激施肥方式和程度的改变。

另一方面，当地政府还可以大力推行农业清洁生产技术，在田间修建农田排水沟或排水渠，降低农田地表径流，在河流与湖泊附近修建植物缓冲带、人工湿地等生态工程设施，通过工程的方式从源头上控制农田肥料流失对农村水环境的污染威胁。

（二）畜禽养殖污染控制对策

畜禽养殖一直是我国农业面源污染重要的组成部分。通过洪湖流域农业面源污染直接经济损失评估可发现，该地区畜禽养殖的规模虽不及农田种植和水产养殖，但是其造成的总氮、总磷和化学需氧量的污染负荷和直接经济损失却是四种农业面源污染途径中最高的。因此，应对畜禽养殖污染的控制引起足够重视，并将其作为农业面源污染控制和治理的重点。

一方面，我国小规模和集约化畜禽养殖场较多，许多养殖场均是依托发达的水系和河网而建，加之这些养殖场大多都没有专门的污水处理设施，大规模发展的养殖业排放出了大量粪便和污水，而这些污染物直接流入水体或者在堆存期间因雨水冲刷进入土壤最终进入地表水。另一方面，我国畜禽养殖技术普遍落后，畜禽粪尿污染无害化处理设施及处理技术更是极少应用，加之粪便综合利用效率较低，随意抛弃现象常见。

因此，地方政府要倡导推行专业化、规模化和集约化的畜禽饲养模式，大力推广畜禽粪尿资源化利用技术，积极推进畜禽养殖场沼气工程建设。加强畜禽养殖场环境安全管理、环境监测、环境污染执法力度，宣传和引导养殖户进行科学养殖，重点建设畜禽循环养殖产业链，实行科学养殖、清洁养殖、生态养殖，从而促进农村畜禽养殖场污染的资源化、减量化、无害化和生态化。

（三）水产养殖污染控制对策

我国水产养殖带来的经济收益越来越重要，以洪湖为例，该地区被誉为“中国淡水水产第一市（县）”，水产业是洪湖经济发展的主导产业，也是优势产业、特色产业，但其每年造成的农业面源总氮、总磷和化学需氧量的污染负荷也相对较高。因此，如何既不影响地区水产养殖业经济高速发展，又能达到水产养殖污染控制治理的目的，成为一个重要的污染防治问题。

因此，在“加强生态文明建设”的大背景下，为加强水产养殖污染的控制，一方面，针对区域水产养殖污染物的总氮、总磷和化学需氧量负荷偏高原因，针对性地减少水域围网和网箱养殖，较少养殖密度，适当控制养殖规模。另一方面，针对饲料、肥料和鱼药等大量的投放导致水质恶化和水体富营养的现实。应减少鱼药的使用量，科学投放饵料、饲料，引进和推广生态营养饲料配制技术。大力推广规范健康的生态水产养殖技术，提高水产养殖质量，采用生化法来降解水体中的氮磷等营养盐及氨氮等无机有害物质。另外，进一步加强对养殖户的水环境保护宣传教育，加大水产养殖区内的环境管理和执法力度，建立健全水产养殖区水环境动态监测机制。

（四）农村生活污染控制对策

农村生活污染虽然在农业面源污染中的总氮、总磷和化学需氧量的负荷量不高，造成的直接经济损失相对较少。但是，因农村生活污染更多的是由于农民生活习惯和生活条件所导致的，该污染控制和治理的空间较大，可从以下两个方面开展：

一方面，洪湖地区基础处理设施建设发展缓慢及污染处理技术相对落后，很多农村生活污水、人粪尿以及固体废弃物缺乏集中收集场所。污染源的随意堆弃或排放是导致农村生活环境污染的重要因素。因此，当地政府要倡导推广和实施绿色乡村清洁工程建设，加快农村生活污水及废弃物的资源转化与综合利用。对于农村生活污水的控制处理可采用源头控制技术（堆肥、三格化粪池、净化沼气池、人工湿地）、户用沼气池技术、低能耗分散式污水处理技术（人工湿地、土地处理系统、稳定塘、净化沼气池、小型污水处理装置）、集中污水处理技术（传统活性污泥法、氧化沟、生物接触氧化法）；对于农村生活垃圾的控制处理主要是建立和健全垃圾分类收集与综合转运机制、采取适宜的农村生活垃圾处理工艺，例如，填埋处理、堆肥处理、建设机械通风或自然通风静态堆肥场等。

另一方面，如前所述，地方政府既要提高当地农民和渔民的环保意识，还要加强农村生活污染的监督与管理，积极开展农村生活污水、垃圾治理示范工程，使他们真正成为环境保护的受益者和监督者。

四 建立农业面源污染的环境损害经济评估长效机制

本书通过对农业面源污染造成环境损害的三个方面：环境自身、直接经济和环境健康的探讨，在环境损害鉴定方法的基础上，开创性地将环境损害的经济评估引入农业面源污染，运用替代等值分析法、环境价值评估法、Johnes 输出系数法和环境健康风险评价模型建立了一套专门针对农业面源污染的环境损害经济评估方法，并构建了一套应用该方法的指标体系，且通过模糊综合评价验证了该指标体系的合理性，进而运用这套评估方法和指标体系成功地评估了江汉平原洪湖农业面源污染环境损害的经济损失。可以说，农业面源污染的环境损害经济评估既有创新性和科学性，又具有合理性和实用性。

因此，在农业面源污染的防治策略方面，可尝试建立农业面源污染的环境损害经济评估。一方面，从成本—效益的角度，分析一定区域因农业经济的高速发展而取得的效益同时，也对其造成的相应环境损害进行经济评估，探讨因经济发展而带来的环境污染损失，从而为生态文明建设和农业可持续发展提供决策依据。

另一方面，国家环境保护“十三五”规划已从战略层面将为环境损害鉴定评估纳入环境质量的主体，因而加快绿色农业的发展，改变地方只片面追求农业经济产出而忽视农业发展质量和环境的保护，可将农业面源污染的环境损害经济评估损失纳入农业绿色 GDP 核算制度，并作为减值扣除，生成真正的绿色农业 GDP，并将此作为环境保护考核的指标依据，从而督促各方更高效地加强农业面源污染的控制和治理工作。

五 建立和健全农业面源污染监测评价与预警体系

为进一步剖析农业土地利用与水环境的相互作用机理，提出污染控制优化策略，需要大量实地检测数据。此外，还要在大量收集数据和实地检测的基础上，针对农业面源污染负荷对基础数据信息的需求，建立农业面源污染基础信息管理系统。将农业面源污染产生及各影响因素与负荷建立相应联系，得出有针对性的农业面源污染的模拟与优化系统，更为有效地控制优化方案。将改善农业管理措施的成果量化输入模拟与优化系统，评估优化效果，为制订农业面源污染负荷削减优化方案提供依据。通过农业面源污染的模拟与优化系统对农业面源污染削减措施的评估，得到针对该流域农业面源污染更为有效的控制优化方案，实现从总体上减少农业面源污染量的目标，为面源污染控制提供决策支持。

不仅如此，还应在不同类型区域建立农业面源污染的监测系统，摸清农业面源污染的主要来源及负荷量，主要的排放途径与时空分布，识别面源污染的高风险区域，为有效控制面源污染提供基础数据与依据。在国家级农业环境监测网络的基础上，通过数据分析与系统集成，建立农业面源污染的预警体系，及时发布污染风险预警，为全面控制农业面源污染奠定基础。

六 建立农业面源污染控制补偿保障机制

在农业面源污染控制和农业生产者之间构建有效的沟通桥梁，

通过补偿机制建设保障农业生产者在农业面源污染控制工作中自身经济利益不降低是农业面源污染控制工作的中心和重心。类型区不同，农业面源污染控制补偿途径也不同。

在不同污染物控制补偿上，化肥、农药污染的补偿途径主要有规划生态敏感区和种植区、替代生产技术支持、替代产品输入支持等；畜禽养殖污染控制补偿主要通过实施禁养区和养殖区规划、畜禽粪便无害化处理和资源化利用技术支持、鼓励兴建大中型养殖场等；农用塑膜污染的补偿应通过替代农膜研发、推广支持和建设完善的废弃农膜回收制度；作物秸秆污染的控制补偿可主要通过实施秸秆还田技术、能源化利用开发支持；建设统一的截污管道或支持建设家庭沼气池是控制农村生活污水污染补偿主要途径；生活垃圾污染控制主要补偿途径为建立统一收集、分类处理的生活垃圾处理机制。

（一）在重要生态功能区发展替代产业

在类型区面源污染控制上，重要生态功能区，尤其是水源涵养地和江河源头区，农业面源污染控制不仅在于改善当地生态环境，还在于为中下游地区创造良好的生产、生活环境。因此，在面源污染控制补偿中，应由国家和流域中下游地区担任补偿主体。通过充分补偿或完全补偿规划农业生产生态敏感区和适宜种/养区，鼓励和支持在水源地和江河源头区周边建设人工湿地系统、植被缓冲带和生物篱笆带，发展替代产业，如生态旅游降低地区农业生产污染风险。

（二）对粮食主产区发展保护性栽培技术支持

粮食主产区主要农业面源污染物为化肥、农药、废弃农膜和作物秸秆。面源污染控制补偿应主要针对保护性栽培技术支持、化肥、农药替代生产技术支持、替代产品输入、替代农膜输入、废弃农膜回收、作物秸秆的有效化利用等方面开展。

河网水域区水资源丰富、河道密布，可溶性农业面源污染物的发生频率和发生强度要明显高于其他地区。针对地区特点，地区农业面源污染控制补偿重点在于对地区农业生产生态敏感区和适宜种/养区划分，肥效释放相对较慢的控释肥、缓效肥、微生物肥等代替传统化肥输入支持、低毒、低残留、高效农药替代传统农药输入，在较大水域周边建设人工湿地系统等方面开展补偿建设。

农村生活区生活污水和生活垃圾是主要污染物。支持地区污染截污处理和家庭沼气池建设是污水无害化处理的主要补偿途径。通过地方环保部门联合投资为地区农村建立生活垃圾统一收集、集中处理机制，通过垃圾集中、转移、分类、能源化利用等程序处理提高农村生活垃圾有效利用率，降低污染风险。

（三）对城乡接合部从多方面综合进行补偿

城乡接合部作为“菜篮子”供应的主体，化肥、农药、废弃农膜和畜禽粪便是其主要污染物。在污染控制上，应从生产者、生产技术、替代辅助投入三方面着手，在对生产者安全生产教育、替代生产技术支持、畜禽粪便无害化处理支持、替代农药、化肥、农膜支持等方面通过补偿、市场价格调节和农民协会管理等共同规范农业生产行为，以减少污染。

第九章

研究结论与展望

第一节　研究结论

综观上文所述，首先，本书通过查阅大量文献，在借鉴国内外环境损害评估研究经典模型的基础上，以农业面源污染的环境损害经济评估为主题，以生态系统健康理论、市场失灵理论、环境资源产权理论和环境价值理论为基础，分析了我国农业面源污染面临的严峻现状和三大危害，构建了一套相对科学的农业面源污染环境损害经济评估方法，筛选出一套相对合理的经济评估指标体系，并通过相关专家的调研运用模糊综合评价法验证评估体系的科学性和有效性等特性，然后对经济评估的三方面影响因素进行了分析，进而结合江汉平原洪湖流域的农业面源污染特征开展实证研究，充分应用构建的评估方法和指标体系对该地区农业面源污染环境损害开展了经济评估，核算了环境自身、直接经济和环境健康损失，最后基于“压力—状态—响应”的逻辑分析框架提出农业面源污染治理对策建议。这些结论为我国农业面源污染环境损害经济评估的顺利进行和治理政策的制定提供理论和经验参考。鉴于此，现对本书研究的主要结论归纳如下：

第一，我国农业面源污染目前总体形势严峻且造成的环境、经济和健康危害较大。研究结果显示，从污染源的数量上来看，我国农业面源污染源数量已达 2899638 个，占全国污染源总数的 48.93%。从污染的程度上来看，农业面源污染的年均总氮流失量平均高达 270.46 万吨，占总氮污染总排放量的 57.19%；年均总磷流失量高达 28.47 万吨，占总磷污染总排放量的 67.27%；年均化学需氧量为 1324.09 万吨，占化学需氧量总排放量的 43.71%。从污染的危害程度上来看，生态环境方面，农业面源污染关键污染因子为农药化肥中持久性有机物、非持久性有机物和重金属会对土壤带来不可逆转的污染，会使水体的生态系统服务功能下降，会使大气的温室效应和雾霾加重；经济损失方面，农业面源污染还没有一个系统性的估算和统计数据，但其每年对种植业、畜牧业、养殖业和水产业均造成巨大的经济损失；环境健康方面，农业面源污染产生的上述关键污染因子会通过土壤、水体、大气和食物等途径对人体健康产生风险和危害，进而造成经济损失。因此，开展农业面源污染的环境损害经济评估势在必行。

第二，建立了农业面源污染的环境损害经济评估方法。研究显示，农业面源污染的环境损害经济评估内容包括运用经济学的方法评估污染带来的环境自身、经济及环境健康损害的各种损失、危害或后果。因此，本书按照农业面源污染引起的环境自身损害大小、物理程度的确认和环境自身损害的物理量货币化三个步骤，构建农业面源污染环境自身损害的恢复方案式评估方法和传统经济评估方法，并对两类方法中的各类具体评估方法展开比较和归纳；按照农业面源污染负荷评估和污染直接经济损失评估两个步骤，结合农田土地侵蚀经济损失评估、畜禽养殖经济损失评估、水产养殖经济损失评估和农村生活污染经济损失评估四个方面，Johnes 输出系数法和环境价值评估法为基础构建农业面源污染直接经济损失评估方法；按照环境健康风险评估和污染健康损害经济评估两个步骤，结合风险危害的识别、剂量—反应评估、暴露评价和风险表征等评估步骤，以环境健康风险评估模型和人力资本法为基础构建农业面源污染环境健康损害的经济评估方法。该方法的建立为处理环境污染引发的纠纷或相关矛盾提供技术支持，为我国环境保护部门提供决策依据与政策支持。

第三，构建了农业面源污染的环境损害经济评估方法的指标体系。研究发现，指标体系构建应具有科学性、逻辑性和系统性等六大原则和借鉴国内外研究成果、考虑经济影响因素和评估核心目标三点依据，因此在指标体系构建的基础性、指南性、依据性和推广性四个目标统领下，结合农业面源污染的环境损害经济评估方法和相关计算模型，按照“指标框架—指标类别—指标集—指标项”的逻辑思路，分别对农业面源污染环境自身损害的经济评估指标、农业面源污染直接经济损失评估指标和农业面源污染环境健康损害的经济评估指标进行了筛选和归纳，并采用模糊综合评价法（F－AHP）从评估体系的六个方面的原则特性进行了整体评价，评价结果为“良好”水平。同时，对农业面源污染环境损害经济评估三个方面：环境自身损害经济评估、污染直接经济损失评估和污染健康损害经济评估的影响因素进行了分析。

第四，以江汉平原洪湖为例开展了农业面源污染环境损害经济评估的实证研究。运用前文构建的方法和指标体系开展研究，2015年洪湖农业面源污染的环境自身损害经济损失、污染直接经济损失和污染健康损害经济损失三个方面进行了评估。结果显示，2015年洪湖流域农业面源污染环境自身损害的经济损失为75000万元，面源污染的直接经济损失为19163.65万元。因农业面源污染环境损害的致癌风险和非致癌风险均在可接受水平，因此其对洪湖流域未造成明显健康损害经济损失。

第五，提出了农业面源污染的四点治理对策。研究应用生态系统健康理论中经典的“压力—状态—响应”模型，揭示洪湖流域农田土壤侵蚀、畜禽养殖污染、水产养殖污染、农村生活污染及固体废弃物五个方面的压力因子，分析污染状态和污染影响两个方面的状态因子，进而得出该区域农业面源污染的四点“响应”即治理对策：建立和完善农业面源污染防治法规体系、宣传和提高农业面源污染环保意识、探索科学的农业面源污染分类控制模式（土地侵蚀、畜禽养殖污染、水产养殖污染和农村生活污染途径）和建立农业面源污染的环境损害经济评估长效机制等。

第二节　后续研究展望

从现实角度出发，农业面源污染的环境损害经济评估仍然是一种探索性的研究，虽然本书在国内外相关研究和实践案例的收集和整理方面投入了较大的时间和精力，并对经济评估方法的建立和指标体系的筛选构建进行了全面的论证，但仍然无法克服研究基础薄弱、研究条件和数据获得方面的限制。因此，本书还有诸多内容需要在今后的研究中深入探索。

在农业面源污染环境自身损害的经济评估方面，环境价值评估法中的四种经济评估方法，只是一种将环境资源恢复的货币化手段，只能反映环境资源的一种或一方面的价值损失，并不能完美地反映环境资源的各种价值损失，例如，市场价格法就只能反映该环境资源的直接使用价值损失。另外，环境资源的许多功能和价值是不能直接通过或间接通过市场价格来体现的，例如，虽然可以通过Johnes 输出系数法算出洪湖流域化学需氧量的负荷，一定程度上能反映该流域农业面源污染物中有机氯类化合物造成的环境污染现状和影响，虽然降解化学需氧量含量均有许多化学和生物的方法，但是市场上却没有一个统一的修复价格，故无法用经济价值的损失来衡量农业面源污染中含氯类有机物造成的环境自身的损害。而农业面源污染中的恢复方案式评估方法是以恢复环境资源为目标，它将环境资源恢复至基线状态和恢复其所有的功能和价值纳入评估范围，能充分反映环境价值的全面性。但是，这种恢复方案式评估方法就需要大量的历史文献资料和长期性的实地检测工作来完成方法中的评估指标数据，在快速和简易性方面不如环境价值评估法。因此，在今后的研究中，针对农业面源污染环境自身损害的经济评估应将替代等值分析法中的资源等值分析法和环境价值评估法中的市场价格法相结合，才能使环境自身损害的经济评估更好、更全面地开展。

在农业面源污染直接经济损失评估方面，其污染关键因子中有机氯类化合物反映的化学需氧量含量其造成的直接经济损失用 Logistic 模型进行核算，是本书在洪湖流域实证中结合已有研究对化学需氧量造成的直接经济损失的一次初步探索。另外，由于研究区域洪湖现在正大力发展生态旅游业，农业面源污染其广泛性的存在也会对旅游业的经济带来直接影响。还有，农业面源污染中还有一些垃圾类的污染，例如，农作物秸秆燃烧产生的雾霾、农产品粗加工废弃物，难降解的废弃农膜和成分多样的生活垃圾等，这些均会对当地造成各种各样的环境自身损害和直接经济损失，有关研究多是针对其介绍及其技术方面的分析，鲜有经济评估方面的研究。本书是在农业面源污染环境损害经济评估体系上的探索，农作物秸秆燃烧产生的雾霾、农村地膜的污染等多种复杂的新型污染物由于研究方法的限制未在本次研究中开展评估，故本书的农业面源污染造成的直接经济损失只体现了洪湖流域农业面源污染的最低估值，并不全面和完善，需要在今后的研究和评估中继续开展。

在农业面源污染健康损害经济评估方面，针对洪湖流域实证应用的经验，还需要从以下四个方面完善以减少健康风险的不确定性：一是丰富环境健康风险评估类型，从研究单一的地表水污染逐渐丰富到土壤、沉积物等介质；二是扩大环境健康风险评估区域，不仅以洪湖湖面为研究区域，更要扩大到整个流域的代表径流；三是丰富环境健康风险关键污染因子，对农业面源污染持久性有机物即含氯类有机物环境健康的非致癌风险和致癌风险加以评估；四是提高环境健康风险评估模型参数的合理性，根据研究区域居民体征及生活习惯上的实际状况设置更科学和客观的参数，从而进一步提高评估的准确性。

参考文献

白爱敏：《我国农村水环境污染防治制度研究》，硕士学位论文，郑州大学，2011 年。

白献晓、马强：《畜禽养殖场环境污染的现状与治理技术》，《兽医导刊》2007 年第 8 期。

鲍秋萍：《农业非点源污染氮、磷负荷估算及经济损失评估——以福建省 2010 年农业非点源污染为例》，《福建工程学院学报》2012 年第 6 期。

蔡锋、陈刚才、彭枫：《基于虚拟治理成本法的生态环境损害量化评估》，《环境工程学报》2015 年第 9 期。

蔡明、李怀恩、庄咏涛等：《改进的输出系数法在流域非点源污染负荷估算中的应用》，《水利学报》2004 年第 7 期。

蔡明：《渭河陕西段氮污染及控制规划研究》，博士学位论文，西安理工大学，2005 年。

曹国良、张小曳、郑方成等：《中国大陆秸秆露天焚烧的量的估算》，《资源科学》2006 年第 1 期。

陈康：《健康风险评价中经饮水途径暴露参数的估计》，《环境卫生学杂志》2015 年第 4 期。

陈火君：《我国农业面源污染的成因与对策》，《广东农业科学》，2010 年第 9 期。

陈建成、刘进宝、方少勇等：《30 年来中国农业经济政策及其效果分析》，《中国人口·资源与环境》2008 年第 5 期。

陈赛蓉：《美国农业政策对农业现代化的推进作用》，《重庆科技学院学报》（社会科学版）2008 年第 6 期。
陈纬栋：《洱海流域农业面源污染负荷模型计算研究》，硕士学位论文，上海交通大学，2011 年。
陈曦、蓝楠：《乌当区农村面源污染对饮用水源的危害及治理探讨》，《贵州农业科学》2010 年第 1 期。
陈欣、郭新波：《采用 AGNPS 模型预测小流域磷素流失的分析》，《农业工程学报》2000 年第 5 期。
陈勇、冯永忠、杨改河：《农业非点源污染研究进展》，《西北农林科技大学学报》（自然科学版）2010 年第 8 期。
程雅柔：《贵阳市生活饮用水水质检测及健康风险评价》，硕士学位论文，贵州师范大学，2015 年。
崔丹：《南水北调中线水源区宁陕寨沟流域坡地土壤侵蚀及防治》，硕士学位论文，陕西师范大学，2007 年。
邓侨侨：《高被引科学家职业迁移与集聚现象研究》，博士学位论文，上海交通大学，2014 年。
邓锋琼：《论环境污染损害评估机制》，《环境保护》2014 年第 8 期。
董文财：《安达市非点源污染研究》，硕士学位论文，东北农业大学，2008 年。
董宇虹、敖天其、黎小东等：《濑溪河泸县境内农业面源污染综合评价》，《四川农业大学学报》2012 年第 4 期。
杜丽平：《基于 GIS 的淮河流域伏牛山区土壤侵蚀研究》，硕士学位论文，郑州大学，2010 年。
段小丽、聂静、王宗爽等：《健康风险评价中人体暴露参数的国内外研究概况》，《环境与健康杂志》2009 年第 4 期。
段雪梅：《平原河网区农业非点源污染负荷及经济损失估算研究》，硕士学位论文，扬州大学，2013 年。
付春、陈静、张亚萍：《鄱阳湖区洪水灾害损失与社会经济发展关系的研究》，《江西师范大学学报》（自然科学版）2007 年第 5 期。

樊在义、宋兵魁、杨勇等：《非点源污染负荷估算方法探讨》，《环境科学导刊》2011 年第 3 期。
范良千、陈凤辉：《农业非点源营养盐流失经济损失评估》，《广东农业科学》2012 年第 4 期。
方敏瑜、张建锋、陈益泰等：《发展坡地农用林业治理农业面源污染》，《湖北林业科技》2008 年第 2 期。
房茂红：《矿区生态恢复环境经济评价方法及理论研究》，硕士学位论文，辽宁工程技术大学，2006 年。
冯勇：《紫色土坡面侵蚀产沙及氮磷流失特征研究》，硕士学位论文，长江科学院，2012 年。
冯庆、王晓燕、王连荣：《水源保护区农村生活污染排放特征研究》，《安徽农业科学》2009 年第 24 期。
高懋芳、邱建军、刘三超等：《基于文献计量的农业面源污染研究发展态势分析》，《中国农业科学》2014 年第 6 期。
国家统计局农村社会经济调查司：《改革开放三十年农业统计资料汇编》，中国统计出版社 2009 年版。
韩秋影、黄小平、施平等：《人类活动对广西合浦海草床服务功能价值的影响》，《生态学杂志》2007 年第 4 期。
韩秋影、黄小平、施平等：《广西合浦海草示范区的生态补偿机制》，《海洋环境科学》2008 年第 3 期。
何仔颖：《金属尾矿库环境风险评价体系构建研究》，硕士学位论文，中南大学，2012 年。
胡宏祥、马友华：《水土流失及其对农业非点源污染的影响》，《中国农学通报》2008 年第 6 期。
胡超：《中泰农产品市场一体化水平的测度——基于价格法的检验》，《国际经贸探索》2013 年第 10 期。
胡习邦：《国内外环境健康风险评价框架研究》，《环境与可持续发展》2016 年第 1 期。
胡钰：《流域种植业面源氮污染监测及负荷估算》，硕士学位论文，中国环境科学研究院，2012年。
黄箐、乔传令：《昆虫解毒酶解毒机理及其在农药污染治理中的应用》，《农业环境保护》2002年第2期。
侯捷、曲艳慧、宁大亮等：《我国居民暴露参数特征及其对风险评估的影响》，《环境科学与技术》2014年第8期。
黄德寅、薄亚莉、管树利等：《化学物质职业暴露健康风险分级方法的研究及应用》，《中国工业医学杂志》2009年第1期。
姜玲、张伟、刘宇：《基于多区域CGE模型的洪灾间接经济损失评估——以长三角流域为例》，《管理评论》2016年第6期。
姜太碧、袁惊柱：《城乡统筹发展中农户生活污物处理行为影响因素分析——基于“成都试验区”农户行为的实证》，《生态经济》2013年第4期。
焦光华：《应用旅行费用法研究乌海湖游憩价值》，《内蒙古煤炭经济》2015年第4期。
柯紫霞、赵多、汪勇等：《浙江省农业面源污染源头控制途径与对策》，《环境污染与防治》2009年第11期。
兰亚佳、邓茜：《生态健康的观念与方法》，《现代预防医学》2009年第2期。
李翠梅、张绍广、姚文平等：《太湖流域苏州片区农业面源污染负荷研究》，《水土保持研究》2016年第3期。
李丹丹：《新农村建设中的环保困境与成因分析》，《中小企业管理与科技》2012年第7期。
李金昌：《环境价值及其量化是综合决策的基础》，《环境科学动态》1995年第1期。
李慧：《构建经济激励机制及服务体系解决农业面源污染问题》，硕士学位论文，复旦大学，2011年。
李嘉竹、刘贤赵、李宝江：《基于Logistic模型估算水资源污染经济损失研究》，《自然资源学报》2009年第9期。
李瑞俊：《山东祈沐泗流域土壤侵蚀经济损失评估及对策研究》，硕士学位论文，山东师范大学，2005 年。
李劳钰：《南黄海西部表层海水中溶解态重金属的分布》，硕士学位论文，国家海洋局第一海洋研究所，2008 年。
李丽华、李强坤：《农业非点源污染研究进展和趋势》，《农业资源与环境学报》2014 年第 1 期。
李昕、董德明、沈万斌等：《绿色国民经济核算基本问题研究》，《地理科学》2007 年第 2 期。
李一花、李曼丽：《农业面源污染控制的财政政策研究》，《财贸经济》2009 年第 9 期。
李冠杰、郑雅莉、范彬：《农业面源污染对水环境的影响及其防治》，《中国集体经济》2015 年第 1 期。
李跃峰、李俊梅、费宇等：《用旅行费用法评估樱花对昆明动物园游憩价值的影响》，《云南地理环境研究》2010 年第 1 期。
李志勇、洪涛、王燕等：《排污权交易应用于农业面源污染控制研究》，《环境与可持续发展》2012 年第 5 期。
李正升：《农业面源污染控制的一体化环境经济政策体系研究》，《生态经济（学术版）》2011 年第 2 期。
李自林：《我国农业面源污染现状及其对策研究》，《干旱地区农业研究》2013 年第 5 期。
梁流涛、冯淑怡、曲福田：《农业面源污染形成机制：理论与实证》，《中国人口·资源与环境》2010 年第 4 期。
刘长江、门万杰、刘彦军：《农药对土壤的污染及污染土壤的生物修复》，《农业系统科学与综合研究》2002 年第 18 期。
刘鸿渊、闫泓：《农业面源污染形成机理的实证研究——以四川省 1982—2006 年统计数据为例》，《农村经济》2010 年第 5 期。
刘蒙：《水旱扰动对湿地生态系统生态服务价值的影响研究——以洪湖湿地为例》，硕士学位论文，华中师范大学，2012 年。
刘聚涛、杨永生、高俊峰：《太湖蓝藻水华灾害灾情评估方法初探》，《湖泊科学》2011 年第 3 期。

刘艳：《K 变电站建设项目经济评估研究》，硕士学位论文，华南理工大学，2012 年。
刘伟、李虹：《中国煤炭补贴改革与二氧化碳减排效应研究》，《经济研究》2014 年第 8 期。
罗守进、吕凯、陈磊等：《农业面源污染管控的国外经验》，《世界农业》2015 年第 6 期。
陆忠康：《关于构建我国渔业科学体系的探讨》，《现代渔业信息》2006 年第 10 期。
吕川、陈明辉、马继力等：《基于模糊聚类分析的吉林省农业非点源污染负荷现状评价》，《现代农业科技》2011 年第 5 期。
吕华丽、吴昌广、周志翔等：《三峡库区土壤侵蚀经济损失估算》，《水土保持通报》2012 年第 4 期。
马奇涛、王宝庆：《天津滨海新区非点源污染负荷量估算》，《安全与环境学报》2011 年第 2 期。
马玉宝、陈丽雯、刘静静等：《洪湖流域农业面源污染调查与污染负荷核算》，《湖北农业科学》2013 年第 4 期。
马凯：《大力推进生态文明建设》，《国家行政学院学报》2013 年第 2 期。
马中：《环境价值的取向、构成和量化》，《环境保护》1993 年第 7 期。
母吉君、陈全才、李介钧等：《内蒙古河套灌区面源污染的途径与防控措施》，《农业灾害研究》2012 年第 2 期。
彭靖恺、李常丽、张志朋等：《桂林市饮用水中邻苯二甲酸酯健康风险评价》，《中国环境科学学会 2015 年中国环境科学学会学术年会论文集》，中国环境科学学会，2015 年。
曲勃：《矿产资源开发代价评估体系研究》，《工业技术经济》2009 年第 11 期。
渠涛、杨永春：《城市环境污染的经济损失及其评估——以山城重庆为例》，《兰州大学学报》2005 年第 3 期。

饶静、许翔宇、纪晓婷:《我国农业面源污染现状、发生机制和对策研究》,《农业经济问题》2011 年第 8 期。

任玮、代超、郭怀成:《基于改进输出系数模型的云南宝象河流域非点源污染负荷估算》,《中国环境科学》2015 年第 8 期。

阮氏春香、温作民:《条件价值评估法在森林生态旅游非使用价值评估中范围效应的研究》,《南京林业大学学报》(自然科学版)2013 年第 1 期。

沈景文:《化肥农药和污灌对地下水的污染》,《农业环境保护》1992 年第 11 期。

沈霞林:《中国区域农业面源污染与经济发展关系的实证分析》,硕士学位论文,南京林业大学,2011 年。

宋之杰、谷晓燕:《一种先进制造系统环境无形效益货币化评价方法》,《数量经济技术经济研究》2007 年第 5 期。

孙本发、马友华、胡善宝等:《农业面源污染模型及其应用研究》,《农业环境与发展》2013 年第 3 期。

孙飞翔、李丽平、原庆丹等:《台湾地区土壤及地下水污染整治基金管理经验及其启示》,《中国人口·资源与环境》2015 年第 4 期。

孙金芳、单长青:《Logistic 模型法和恢复费用法估算城市生活污水的价值损失》,《安徽农业科学》2010 年第 21 期。

孙丽娜、梁冬梅:《浅谈我国农业面源污染的原因与防治对策》,《吉林农业》2010 年第 12 期。

孙秀秀、包丽颖、郁亚娟等:《哈尔滨地区农业面源污染负荷估算与分析》,《安全与环境学报》2015 年第 5 期。

孙正风、马京军:《宁夏农业面源污染现状与防治对策》,《宁夏农林科技》2005 年第 3 期。

谭盛民:《农村面源污染的成因、危害及防治措施探究》,《科技致富向导》2015 年第 14 期。

唐莲、张卫兵:《宁夏水环境保护与农业非点源污染》,《水土保持研究》2007 年第 5 期。

唐小晴：《突发性水环境污染事件的环境损害评估方法与应用》，硕士学位论文，清华大学，2012 年。
唐小晴、张天柱：《环境损害赔偿之关键前提：因果关系判定》，《中国人口·资源与环境》2012 年第 8 期。
王东爱：《苏州市农业污染现状调查及综合防治对策研究》，《全国环保系统优秀调研报告文集》，2001 年。
王飞儿、吕唤春、陈英旭、王栋：《基于 AnnAGNPS 模型的千岛湖流域氮、磷输出总量预测》，《农业工程学报》2003 年第 6 期。
吴钢、曹飞飞、张元勋：《生态环境损害鉴定评估业务化技术研究》，《生态学报》2016 年第 36 期。
王桂芝、顾赛菊、陈纪波：《基于投入产出模型的北京市雾霾间接经济损失评估》，《环境工程》2016 年第 1 期。
王宏玉、袁文艺：《湖泊生态保护中的污染治理：基于梁子湖区的调查》，《湖北经济学院学报》（人文社会科学版）2016 年第 1 期。
王华：《植被护坡根系固土及坡面侵蚀机理研究》，博士学位论文，西南交通大学，2010 年。
王晶：《关于内蒙古自治区开展环境损害鉴定评估工作的思考》，《环境与发展》2015 年第 6 期。
王晶、杨宝仁：《旅行费用法在北方森林动物园资源价值评估中的应用》，《经济师》2010 年第 7 期。
王建平、陈吉刚、斯烈钢等：《水产养殖自身污染及其防治的探讨》，《浙江海洋学院学报》（自然科学版）2008 年第 2 期。
王金南、刘倩、齐霁：《生态环境损害赔偿制度：破解政府买单困局加快建立生态环境损害赔偿制度体系》，《环境保护》2016 年第 2 期。
王京文、陆宏、厉仁安：《慈溪市蔬菜地有机氯农药残留调查》，《浙江农业科学》2003 年第 1 期。
王少波、解建仓、蔡明等：《MVC 模式下非点源污染模拟模型的中间件实现》，《计算机工程与应用》2007 年第 20 期。

王伟、周其文：《基于直接市场法的农业环境污染事故经济损失估算研究》，《生态经济》2014 年第 1 期。
王晓燕、曹利平：《农业非点源污染控制的补贴政策》，《水资源保护》2008 年第 1 期。
王晓燕、曹利平：《控制农业非点源污染的税费理论》，《水资源保护》2008 年第 3 期。
王晓燕、曹利平：《中国农业非点源污染控制的经济措施探讨——以北京密云水库为例》，《生态与农村环境学报》2006 年第 2 期。
汪厚安、叶慧、王雅鹏：《农业面源污染与农户经营行为研究——对湖北农户的实证调查与分析》，《生态经济》2009 年第 9 期。
王宗爽、段小丽、刘平等：《环境健康风险评价中我国居民暴露参数探讨》，《环境科学研究》2009 年第 10 期。
吴健、杨琳、胡钦：《污染损害赔偿中的环境价值实现——经济学与法学视角的审视》，《环境保护》2015 年第 7 期。
吴磊：《三峡库区典型区域氮、磷和农药非点源污染物随水文过程的迁移转化及其归趋研究》，博士学位论文，重庆大学，2012 年。
吴启堂、高婷：《减少农业对水体污染的对策与措施》，《生态科学》2003 年第 4 期。
夏彬：《环境污染人群健康损害评估体系研究》，博士学位论文，华中科技大学，2011 年。
解辉：《大数据技术在环境监测中应用研究》，《中国环境科学学会 2015 年中国环境科学学会学术年会论文集》（第一卷），中国环境科学学会，2015 年。
谢晶仁：《强化农村节能减排的理性思考》，《农业工程技术（新能源产业）》2011 年第 1 期。
谢涛、康彩霞、唐文魁等：《中国农业非点源污染现状及控制措施》，《广西师范学院学报》（自然科学版）2010 年第 4 期。
谢贤政、马中：《应用旅行费用法评估环境资源价值的研究进展》，《合肥工业大学学报》（自然科学版）2005 年第 7 期。

徐大伟、刘春燕、常亮：《流域生态补偿意愿的 WTP 与 WTA 差异性研究：基于辽河中游地区居民的 CVM 调查》，《自然资源学报》2013 年第 3 期。
胥卫平、赵晓华：《环境污染损失的经济评估方法研究》，《环境保护》2007 年第 7 期。
胥卫平、魏宁波：《西安市大气和水污染对人群健康损害的经济价值损失研究》，《中国人口 · 资源与环境》2007 年第 4 期。
徐玉宏：《我国秸秆焚烧污染与防治对策》，《环境与可持续发展》2007 年第 3 期。
薛利红、杨林章：《面源污染物输出系数模型的研究进展》，《生态学杂志》2009 年第 4 期。
薛寿征：《关于健康风险评估》，《环境与职业医学》2015 年第 32 期。
严昌荣、梅旭荣、何文清：《农用地膜残留污染的现状与防治》，《农业工程学报》2006 年第 22 期。
姚瑞卿、姜太碧：《农户行为与“邻里效应”的影响机制》，《农村经济》2015 年第 4 期。
杨冬：《影子价格在工程环境评价中的应用研究》，硕士学位论文，东华大学，2011 年。
杨珂玲、张宏志、张志刚等：《铅暴露的环境健康风险评估模型的本土化研究》，《中国人口 · 资源与环境》2016 年第 2 期。
杨伟：《大别山区土壤侵蚀经济损失估值研究》，《资源开发与市场》2009 年第 8 期。
杨彦、谢钦岳、于云江等：《太湖流域人群涉水活动的皮肤暴露参数研究》，《环境与健康杂志》2012 年第 12 期。
杨彦兰、申丽娟、谢德体等：《基于输出系数模型的三峡库区（重庆段）农业面源污染负荷估算》，《西南大学学报》（自然科学版）2015 年第 3 期。
杨育红：《吉林省地表水非点源氨氮污染负荷研究》，硕士学位论文，吉林大学，2007 年。

杨引禄、冯永忠、杨世琦等：《宁夏黄河灌区农业非点源污染损失估算》，《干旱地区农业研究》2011 年第 1 期。

叶恩发、陈玉明：《我省畜牧业发展的现状与思路》，《福建畜牧兽医》2004 年第 3 期。

於方、刘倩、齐霁等：《借他山之石完善我国环境污染损害鉴定评估与赔偿制度》，《环境经济》2013 年第 11 期。

于雷、吴舜泽、马寅：《基于二分类 Logistic 回归模型的 COD 总量减排措施的绩效分离评估》，《水资源保护》2013 年第 6 期。

袁金柱、李利华：《我国农业面源污染对水体的影响及防治措施》，《内蒙古农业科技》2009 年第 1 期。

于涛、孟伟、Edwin O. 等：《我国非点源负荷研究中的问题探讨》，《环境科学学报》2008 年第 3 期。

于泽民、郭建英：《黄土高原区农村面源污染的途径与防控措施研究》，《环境与发展》2014 年第 4 期。

曾远、张永春、张龙江等：《GIS 支持下 AGNPS 模型在太湖流域典型圩区的应用》，《农业环境科学学报》2006 年第 3 期。

张超坤：《加强农膜污染治理，促进农业可持续发展》，《广西环保科学》2001 年第 5 期。

张广兴、雷孝章、于朋等：《川中丘陵区小流域泥沙输移比研究》，《四川水利》2009 年第 3 期。

张宏艳：《发达地区农村面源污染的经济学研究》，博士学位论文，复旦大学，2004 年。

张红振、曹东、於方等：《环境损害评估：国际制度及对中国的启示》，《环境科学》2013 年第 5 期。

张红振、董景琦：《环境损害评估制度、方法与实例》，中国环境出版社 2016 年版。

张立显：《矿山建设项目的环境影响经济评价研究》，硕士学位论文，西安科技大学，2008 年。

张庆伟：《环境污染事故经济损失评估研究》，硕士学位论文，重庆大学，2010 年。
张士功：《中国耕地资源的基本态势及近年来数量变化研究》，《中国农学通报》2005 年第 21 期。
张婉秋：《土壤侵蚀及其与水土流失的关系》，《黑龙江科技信息》2011 年第 28 期。
张蔚文、刘飞、王新艳：《基于博弈论的非点源污染控制模型探讨》，《中国人口·资源与环境》2011 年第 8 期。
张雪松、朱建良：《秸秆的利用与深加工》，《化工时刊》2004 年第 5 期。
张燕、张志强、谢宝元等：《饮用水源区小流域氮素污染负荷估算方法比较》，《中国水土保持科学》2009 年第 1 期。
张翼：《黄土高原丘陵沟壑区土壤侵蚀研究》，《水土保持研究》2000 年第 2 期。
张梓太：《环境法律责任研究》，商务印书馆 2004 年版。
赵本涛：《中国农业面源污染的严重性与对策探讨》，《环境教育》2004 年第 11 期。
赵卉卉、张永波、王明旭：《中国环境损害评估方法研究综述》，《环境科学与管理》2015 年第 7 期。
赵玲、王尔大：《评述效益转移法在资源游憩价值评价中的应用》，《中国人口·资源与环境》2011 年第 S2 期。
赵军、杨凯：《自然资源与环境价值评估：条件估值法及应用原则探讨》，《自然资源学报》2006 年第 5 期。
赵军、杨凯、刘兰岚等：《环境与生态系统服务价值的 WTA/WTP 不对称》，《环境科学学报》2007 年第 5 期。
赵同科、张强：《农业非点源污染现状、成因及防治对策》，《中国农学会·全国农业面源污染与综合防治学术研讨会论文集》，中国农学会，2004 年。
赵晓丽、范春阳、王予希：《基于修正人力资本法的北京市空气污染物健康损失评价》，《中国人口·资源与环境》2014 年第 3 期。

郑涛、穆环珍、黄衍初等:《非点源污染控制研究进展》,《环境保护》2005 年第 2 期。

支海宇:《排污权交易应用于农业面源污染研究》,《生态经济》2007 年第 4 期。

周早弘:《农户经营行为对农业面源污染的影响因素分析》,《湖南农业科学》2011 年第 9 期。

朱梅:《海河流域农业非点源污染负荷估算与评价研究》,博士学位论文,中国农业科学院,2011 年。

张兆华:《环境污染对人群健康影响评价及其经济损失估算》,《环境科技》1995 年第 4 期。

朱兆良、诺斯、孙波:《中国农业面源污染控制对策》,中国环境科学出版社 2006 年版。

Ahmadi M., Arabi M., Hoag D. L., Engel B. A., "A Mixed Discrete – continuous Variable Multiobjective Genetic Algorithm for Targeted Implementation of Non – point Source Pollution Control Practices", Water Resource Research, No. 49, 2013.

Beasley D. B., Huggins L. F., Monke E. J., "Answers: A Model for Watershed Planning", Transactions of the ASABE, Vol. 4, No. 23, 1980.

Boehm P. D., Page D. S., "Exposure Elements in Oil Spill Risk and Natural Resource Damage Assessments: A Review", Human and Ecological Risk Assessment, Vol. 2, No. 13, 2007.

Bossa A. Y., Diekkrueger B., Igoe A. M., Gaiser T., "Analyzing the Effects of Different Soil Databases on Modeling of Hydrological Process and Sediment Yield in Benin (West Africa)", Geoderma, No. 173, 2012.

Burger J., "Environmental Management: Integrating Ecological Evaluation, Remediation, Restoration, Natural Resource Damage Assessment and Long – term Stewardship on Contaminated Lands", Science of the Total Environment, Vol. 1 – 3, No. 400, 2008.

Carter J. G. , White I. , "Environmental Planning and Management in an Age of Uncertainty: the Case of the Water Framework Directive", Journal of Environmental Management, No. 113, 2012.

Chen L. , Liu R. M. , Huang Q. , Chen Y. X. , Gao S. H. , Sun C. C. , Shen Z. Y. , "Integrated Assessment of Non – point Source Pollution of a Drinking Water Reservoir in a Typical Acid Rain Region", International Journal of Environmental Science and Technology, Vol. 4, No. 10, 2013.

Coase R. H. , "The Problem of Social Cost. Journal of Law and Economics", Vol. 4, No. 56, 2013.

Defrancesco E. , Gatto P. , Rosato P. , "A 'Component – based' Approach to Discounting for Natural Resource Damage Assessment", Ecological Economics, No. 99, 2014.

Dennis L. , Corwin N. , "Non – point Pollution Modeling Based on GIS", Soil & Water Conservation, No. 1, 1998.

Dunford R. W. , Ginn T. C. , Desvousges W. H. , "The Use of Habitat Equivalency Analysis in Natural Resource Damage Assessments", Ecological Economics, Vol. 1, No. 48, 2004.

Eichner T. , Pethig R. , "Self – enforcing international environmental Agreements and trade: taxes versus caps", Oxford Economic Papers – New Series, Vol. 4, No. 67, 2015.

Federal Government of the United States, "Clean Water Act", 1997.

Federal Government of the United States, "Comprehensive Environmental Response", Compensation and Liability Act, 1980.

Federal government of the United States, "Oil pollution act", 1990.

Li F. , Zhang J. , Yang J. , Liu C. , Zeng G. , "Site – specific Risk Assessment and Integrated Management Decision – making: A Case Study of a Typical Heavy Metal Contaminated Site, Middle China", Human and Ecological Risk Assessment, Vol. 5, No. 22, 2016.

Fei L. , Minsi X. , Jingdong Z. , "Spatial Distribution, Chemical Fraction and Fuzzy Comprehensive Risk Assessment of Heavy Metals in Surface Sediments from the Honghu Lake, China", International Journal of Environmental Research and Public Health, Vol. 2, No. 15, 2018.

Fowlie M. , Perloff J. M. , "Distribution Pollution Rights in Cap – and – Trade Programs: Are Outcomes Independent of Allocation? Review of Economics and Statistics", Vol. 5, No. 95, 2013.

Hafezalkotob A. , Alavi A. , Makui A. , "Government Financial Intervention in Green and Regular Supply Chains: Multi – level Game Theory Approach", International Journal of Management Science and Engineering Management, Vol. 3, No. 11, 2016.

ILRI CGIAR, "System – wide Livestock Programme: Chronology of its development", Nairobi: ILRI, 2001.

Zhang J. , Zhu L. , Li F. , et al. , "Comparison of Toxic Metal Distribution Characteristics and Health Risk between Cultured and Wild Fish Captured from Honghu City, China", International Journal of Environmental Research and Public Health, Vol. 2, No. 15, 2018.

Jean L. , "Ecohealth and the Developing World", Springer, Vol. 4, No. 1, 2004.

J. M. Fernández Salido, S. Murakami. , "Rough Set analysis of a General Type of Fuzzy Data using Transitive Aggregations of Fuzzy Similarity Relations", Fuzzy Sets Syst, Vol. 3, No. 139, 2003.

Ke Ke, Chen Yiyi, "Energy – based Damage – control Design of Steel Frames with Steel Slit Walls", Structural engineering and mechanics, Vol. 6, No. 52, 2014.

Knisel W. G. , "Creams: A Field Scale Model for Chemicals, Runoff, and Erosion from Agricultural Management Systems", ARS, USDA, 1980.

Konishi Y. , Coggins J. S. , Wang B. , "Water – quality Trading: Can

We Get the Prices of Pollution Right?" Water Resources Research, Vol. 5, No. 51, 2013.

L. A. Zadeh., "Outline of a New Approach to the Analysis of Complex Systems and Decision Processes", IEEE Transaetions on Systems, Man, and Cybernetics, Vol. 1, No. 3, 1973.

Leonard R. A., Knisel W. G., "Still D. A. GLEAMS: Groundwater Loading Effects of Agricultural Management Systems", Transactions of the ASABE, Vol. 5, No. 30, 1987.

Li F., Zhang J. D., Jiang W., Liu C. Y., Zhang Z. M., Zhang C. D., Zeng G. M., "Spatial Health Risk Assessment and Hierarchical Risk Management For Mercury in Soils from a Typical Contaminated Site, China", Environmental Geochemistry and Health, Vol. 39, No. 4, 2016.

Li F., Zhang J., Liu C., et al., "Distribution, Bioavailability and Probabilistic Integrated Ecological Risk Assessment of Heavy Metals in Sediments from Honghu Lake, China", Process Safety and Environmental Protection, Vol. 116, 2018.

Murray B., Rivers N., "British Columbia's Revenue – neutral Carbon Tax: A Review of the Latest" Grand Experiment "in Environmental Policy", Energy Policy, No. 86, 2015.

Ofiara D., "Natural Resource Damage Assessments in the United States Rules and Procedures for Compensation from Spills of Hazardous Substances and Oil in Waterways under US Jurisdiction", Marine Pollution Bulletin, No. 44, 2002.

Ouchida Y., Goto D., "Environmental Research Joint Ventures and Time – consistent Emission Tax: Endogenous Choice of R&D Formation", Economic Modelling, No. 55, 2016.

Rausch S., Schwarz G. A., "Household Heterogeneity, Aggregation, and the Distributional Impacts of Environmental Taxes", Journal of

Public Economics, No. 138, 2016.

Reilly T. J., McCay D. F., Grant J. R., Rowe J., "Application of Ecosystem – based Analytic Tools to Evaluate Natural Resource Damage and Environmental Impact Assessments in the Ropme Sea Area", Aquatic Ecosystem Health and Management, Vol. S1, No. 15, 2012.

Rodriguez – Blanco M. L., Arias R., Taboada – Castro M. M., Nunes J. P., Keizer J. J., Taboada – Castro M. T., "Sediment Yield at Catchment Scale Using the SWAT (Soil and Water Assessment Tool) Model", Soil Science, Vol. 7, No. 181, 2016.

Salazar O., Wesstrom I., Joel A., "Youssef, M. A. Application of an Integrated Framework for Estimating Nitrate Loads from a Coastal Watershed in South – east Sweden", Agriculture Water Management, No. 129, 2013.

Shen Z. Y., Chen L., Hong Q., et al., Liu R. M., "Assessment of Nitrogen and Phosphorus Loads and Causal Factors from Different Land Use and Soil Types in the Three Gorges Reservoir Area", Science of the Total Environment, No. 454, 2013.

Shen Z. Y., Liao Q., Hong Q., et al., "An Overview of Research on Agricultural Non – point Source Pollution Modelling in China", Separation and Purification Technology, No. 84, 2012.

Silva S., Soares I., Afonso O., "Tax on Emissions or Subsidy to Renewables? Evaluating the Effects on the Economy and on the Environment", Applied Economics Letters, Vol. 10, No. 23, 2016.

Tanik A., Ozalp D., Seker D. Z., "Practical Estimation and Distribution of Diffuse Pollutants Arising from a Watershed in Turkey", International Journal of Environmental Science and Technology, Vol. 2, No. 10, 2013.

Testa F., Daddi T., De Giacomo M. R. et al., "The Effect of Integrated Pollution Prevention and Control Regulation on Facility Performance", Journal of Cleaner Production, No. 64, 2014.

T. L. Saaty., "Decision Making with the Analytic Hierarchy Process", Int. J. Services Sciences, Vol. 1, No. 1, 2008.

Tipping A., "Building on Progress in Fisheries Subsidies Disciplines", Marine Policy, No. 69, 2016.

US Department of Agriculture, "Soil Conservation Service Hydrology", Washington D. C.: In National Engineering Handbook, 1972.

US EPA, "Exposure Factors Handbook, 2011 Edition", Washington DC: US EPA, 2011.

Wang H. L., Sun Z. Z., Li X. Y. et al., "Comparison and Selection among Nonpoint Pollution Models", Environmental Science and Technology, Vol. 5, No. 36, 2013.

William A. Jury, Robert E. White, Garrison Sposito, "A Transfer Function Model of Solute Transport through Soil Fundamental Cncepts", Water Resources Research, Vol. 2, No. 22, 1986.

Wang Z., Du Y., Yang C., et al., "Occurrence and Ecological Hazard Assessment of Selected Antibiotics in the Surface Waters in and Around Lake Honghu, China", Science of the Total Environment, Vol. 609, 2017.

Yoram J. L., Anthony S. D., "Continuous Aimulation of Non - point Pollution" Journal WPCF, Vol. 10, No. 50, 1978.

Zafonte M., Hampton S., "Exploring Welfare Implications of Resource Equivalency Analysis in Natural Resource Damage Assessments", Ecological Economics, Vol. 1, No. 61, 2007.

Zarate - Marco A., Valles - Gimenez J., "Environmental Tax and Productivity in a Decentralized Context: New Findings on the Porter Hypothesis", European Journal of Law and Economics, Vol. 2, No. 40, 2015.

索　引

J

K

M

N

S

T

W

Y

Z

后　　记

君子曰：学不可以已。十年前，当我最后一次脱下白大褂，从武汉大学生命科学院实验室走出的时候，“解放”和“胜利”的思想充满着脑海。但随着自己辅导员职业生涯的深入，慢慢开始感觉自己作为大学教师的职业能力亟待提高，我虽可以很好地帮助迷茫的学生进行学业规划，但是我却对他们的专业问题无所适从，我开始心虚这种脱离具体问题的宏观指导。因此在获得“十佳辅导员”的荣誉后我反而开始更加冷静地思考自己，难道我就是一名自我陶醉在“解惑”层面的师者吗？那种从小就树立在心中的“传道”和“授业”理想还能够实现吗？

正当我迷茫无措时，很幸运，在人生的十字路口我遇到了自己的博士生导师张敬东教授。“著书立言”这是张老师触动我决心再次勇于攀登科学研究高峰的金玉良言，大丈夫理应“策马扬鞭，驰骋疆场”或“内外兼修，著书立言”，沧海一粟也应有其生命的价值，这不正是我的初心吗？因此，我要由衷感谢张老师的提携和帮助，排除万难给了我一个能重新开始学习、继续科研求索的机会。我要感谢张老师的鼓励和信赖，给了我结合环境、生物、经济等多领域、多方面开展研究的动力和信心，每当我学习遇到困难时，我总是能从张老师信赖的眼神和那句“武大生科院毕业的”鼓励话语中找到前行的灵感和动力。我要感谢张老师的言传和身教，在学术上，她的博学、严谨和勤勉是我奋斗的标杆；在工作中，她的敬业、公正和从容是我学习的榜样；在生活中，她的善良、智慧和宽容是我追求的人生真谛。同时，我要由衷感谢导师组的严立冬教授和吴海涛教授，感谢他们对本书的选题、布局谋篇和斧正修改提出的许多具有建设性的宝贵意见。感谢导师组的陈池波教授、丁士军教授、郑家喜教授、张开华教授、陈玉萍教授，感谢他们对我博士学习和论文撰写的点拨及指导。

感谢一直鼓励我的好友、同事和同学们。特别感谢好友李飞对我的指点、帮助和鼓励，他渊博的学识、清晰的规划和全面的支持犹如黑夜中的灯塔一样，为我照亮前行的道路。感谢在工作中对我一直支持和照顾的张从发书记、周勇副主任、刘茂盛副书记、颜锋老师、陈溪老师、潘喆老师等工作战友和系里的杨俊老师、祝启虎老师、屈志光老师、周靖承老师等同事，是你们在工作中对我的帮助和分担才能使本研究的开展更加顺利。感谢同门师姐付海玲，师弟鲍江东和刘万方，师妹伍紫贤、仇珍珍、朱丽芸、肖敏思和蔡莹，本院2013级信息管理与信息系统专业赵展浩同学，你们对科研的执着和付出无时无刻都感染和促进着我前进。同时，我还要感谢博士研究生阶段的同学张跃强、陈胜、李司铎、郑伟、窦营、揭子平、陆敏泉、李立、丁昆、肖锐和罗毅民等，感谢你们的鼓励和帮助。

感谢我的家人一直以来默默的陪伴和细致的照顾。感谢母亲和岳母为家庭无私的付出和对我的引导鼓励，你们是我乐观、自信面对所有困难的精神源泉。感谢爱妻席钰萍女士，你不仅是两个可爱宝宝的伟大母亲，更是我学习和生活的精神动力，感谢你的默默支持。

最后，特别感谢中国哲学社会科学工作办公室的领导、评审专家及老师们给了我立项国家社科基金后期资助优秀博士论文项目的宝贵机会，你们的提携给我学术生涯的起步带来了巨大的鼓舞和激励。感谢中国社会科学出版社刘晓红编辑及相关老师对本书顺利付梓的宝贵修改意见和辛勤编辑工作。感谢环境与健康研究中心李亚男和蒋路平同学协助本书的后期完善和修改！另外，由于本人水平有限，书中涉及的许多内容难免有不妥和错误之处，诚恳地期望各位专家和读者不吝赐教和帮助，对此我将深表感谢。

庚子年初春，恰逢新型冠状肺炎病毒的施虐，无数家庭和生命正遭受着病魔的折磨。身处疫情中心的我越发感受到了健康和平安才是一切幸福的源泉。感谢各位亲友的关心和问候，感谢身边那些最美“逆行者”们的守护，多难兴邦，武汉这座英雄的城市一定能渡过难关！

刘朝阳

2020 年 2 月于中南大晓南湖畔